The Hand-drawing Rendering of Interior Design

（第5版）

室内设计手绘效果图表现

◎赵杰 著

U0278712

华中科技大学出版社
http://www.hustp.com
中国·武汉

关于手绘

随着科技的飞速发展，电脑绘制在设计表现方面一度是一枝独秀，手绘则被大多数设计师遗忘。近年来，手绘作为设计师进行空间创意最简便的方式又逐渐被大家所重视，但大家要认清手绘与设计的关系，不要为了盲目追求表达而忽略了重要的部分——设计。手绘便是为设计服务的。

手绘与电脑绘制同为设计的表现方式。电脑绘制更容易通过短期培训快速掌握，很多非专业人员通过短期的培训也可以进入设计公司工作，但在方案构思与创作过程中，用手绘的方式进行推敲表达会使设计更为深入、生动、便捷。电脑效果图是设计效果的一种呈现形式，电脑渲染的精美效果往往与最终设计完成的实际效果有较大的出入，容易引起客户的不满。设计师与客户现场沟通设计想法时，只用语言交流，客户很难理解，因为客户的空间思维相对较弱，而手绘快速表现图则能非常有效地表现出设计师的设计想法。由此可见，手绘是一种非常重要的设计与沟通的工具。

近几年手绘悄然复苏的原因有很多：一是设计前辈对手绘的重视与呼唤；二是国外优秀设计企业进入中国，他们对原创设计语言非常重视，要求新加入的成员具备手绘方面的技能；三是近些年设计手绘表现大赛的举办与推广。我们可以想象一下，在没有电脑的时代，地球上就已经出现了埃及金字塔、希腊帕提农神庙及中国故宫等伟大的设计作品。从丹麦的著名设计师约翰·伍重到中国的梁思成、齐康、彭一刚，他们无一不具备精湛的手绘技艺。希望大家重视这项设计师最基本的专业技能，使我们笔下的设计作品更具创意，也更实用。

赵杰

2010年9月17日晚　于北京

赵杰

山东邹平人，现居北京
室内建筑师、文旅规划师、手绘艺术家
CIID 中国建筑学会室内设计分会会员
CFIA 中国手绘国际行业协会北京分会会长
IFDA 国际室内装饰设计协会会员

北京杰初建筑设计事务所（创办人／总设计师）
EMAD（北京）手绘培训机构（创办人）
CIID2019 中国手绘艺术设计大赛（评委会组长）
CIID2016、2017、2020 中国手绘艺术设计大赛
（评委会委员）

曾供职于：万达集团文旅规划院设计总监、北京
居其美业室内设计有限公司主案设计师、美国佛
莱明景观（上海）公司设计师、金地集团新家设
计中心设计总监

大赛获奖：

2017 年万达"庆祝十九大，祝福献给党"书画大赛二等奖
2015 年绿地集团海南极致庭院设计一等奖
2014 年第十一届中国手绘艺术设计大赛一等奖
2013 年第十届中国手绘艺术设计大赛三等奖
2012 年第九届中国手绘艺术设计大赛二等奖
2011 年第八届中国手绘艺术设计大赛二等奖
2011 年第五届全国钢笔画展优秀奖
2010 年第七届中国手绘艺术设计大赛三等奖
2009 年第六届中国手绘艺术设计大赛优秀奖
2008 年"总统家"杯中国建筑手绘艺术设计大赛三等奖
2008 年中国"利豪杯"手绘艺术设计大赛佳作奖

图书、作品：

《室内设计手绘效果图表现（第 5 版）》（累计印刷 15 次）
《建筑设计手绘效果图表现》（累计印刷 2 次）
《室内陈设马克笔手绘表现》
作品曾发表于《中国手绘》《建筑与文化》、美国《新华报》等
多种书籍、报刊

展览、讲座：

2012 年北京交通大学建筑与艺术学院设计手绘讲座、展览
2013 年北京建筑大学建筑与城市规划学院作品展
2013 年北京工业大学建筑与城市规划学院作品展
2013 年山东农业大学设计手绘讲座、作品展
2013 年山东工艺美术学院作品展
2014 年 798 "线拾迷城"硬笔画联展
2019 年 CIID 海口设计节作品展

公共微信平台　　　赵杰微博　　　赵杰微信

目　录

目　录

目 录

第一章 手绘基础知识

用心去思考怎样学习室内设计手绘专业技法

第一节　送给学习手绘的你——掌握好手绘的方法

要想掌握好手绘表达，需要做到以下几点。

（1）**不同线条的练习**：主要包括直线（横直线、竖直线、斜直线）、曲线（横曲线、竖曲线、斜曲线）、弧线、椭圆、正圆、不规则线、长线、短线、快线、慢线、自然线的练习，还有不同线条的疏密、组合训练。

（2）**透视的严格训练**：主要包括一点透视、两点透视、三点透视。室内手绘效果图通常会用到一点透视和两点透视，鸟瞰图和轴测图则会用到三点透视。除此之外，在画高大的建筑物时，为了表现建筑物耸立的感觉也会用到三点透视。

线的综合训练

（3）**手绘学习思路**：① 线条—透视—家具陈设单体—家具陈设组合—小空间—大空间—复杂空间；② 草图—平面图—立面图—透视图。

（4）**临摹优秀的手绘作品**：主要临摹尺规画法与徒手画法、详细画法与概括画法、国内与国外相结合的画法。在临摹过程中要掌握各种线条、透视、阴影、材料肌理的表现方法与技巧。

（5）**画实景照片**：在掌握好上述（1）、（2）、（3）点并打下了一定的造型基础后，即可开始画实景照片。初学者可以先用铅笔画底稿，这样可以减少误差，增强画图者的信心，然后慢慢地减少铅笔稿，直到不用画铅笔稿直接徒手绘制效果图。

（6）**写生**：不仅能提高造型能力，而且能将好的设计元素记录下来并运用到设计中，也能潜移默化地提高观察能力和审美素养。

（7）**设计草图**：主要用于方案构思，在室内设计领域主要包括平面图、立面图、透视图的构思，以及灯光、家具、工艺品的构思。多画设计草图有助于加强设计师对空间的理解与感悟，并直接表达设计师的创意思路，还能有效地提高设计师的手绘表达能力。

（8）**作品创作的经验总结**。

（9）**手绘工具**：手绘工具的选择会影响设计师对作品的表现。笔头的宽窄、柔和度及颜色的构成都会影响画面的质量。

（10）**空间感知**：设计师要想具备精湛的手绘技术，首先要热爱自己的职业，其次要熟悉材料的特点，最后要对空间结构有良好的认识和理解。

（11）**表现欲望**：设计本身就是一种创造，设计师要培养活跃的思维和创作激情，以及对新事物敏锐的洞察力。

（12）**学习态度**：聪明、设计感好固然是一种优势，但正确的学习态度更为重要。只有认真、刻苦、思考、理解、消化、举一反三，才能打下扎实的基础，取得较大的进步。

（13）**心态**：学习手绘不能急于求成，技巧的培养需要不断地学习、思考、总结，有了积累才能水到渠成。

工欲善其事，必先利其器。手绘工具的选择会影
响设计师对作品的表现。笔头的宽窄、柔和度及颜色
的色彩倾向、饱和度都会影响画面的质量。

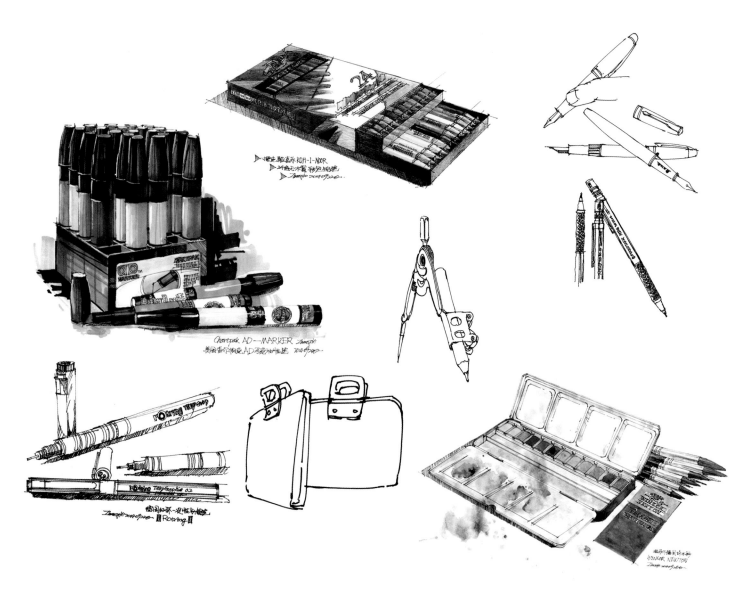

第二节　手绘工具、材料介绍

一、画笔类

草图笔

草图笔，顾名思义就是设计师勾勒设计方案草图专用的笔。草图笔的特点是运笔流畅，画图后笔迹快干，深受设计师青睐。

自动铅笔

自动铅笔绘图容易修改，主要是在绘制细致设计图打底稿时使用，是手绘初学者必备的工具。

钢笔

钢笔在画速写时较常用到，其线条粗犷，画面明暗对比强烈，线条大胆流畅，也可以用其勾画草图，快速地表现明暗体块关系。

中性笔

中性笔是最为常见的绘画工具，使用率很高，但使用时间久了就会出现出水不流畅的问题，还容易刮纸，弄脏纸面，但就练习线条来说，它还是不错的。

水彩笔

羊尾毛、兔毛画笔蘸色会比较饱满，颜色比较厚重；尼龙画笔笔毛比较硬，虽然吸水性没有羊毛的好，但是画出的线条比较硬朗。尼龙笔在用完以后要甩干水分，不然放在颜料盒里容易变形。还有的人直接用毛笔画图。设计师应根据自己画图的习惯来选择合适的画笔。

针管笔

针管笔用来画细致些的效果图，常用的有三种型号：0.1mm、0.2 mm、0.5mm。0.1mm、0.2 mm用来勾线，0.5 mm用来勾阴影外边。在使用针管笔时，切记不要用力过大，否则容易把笔头按进去。另外最好不要在铅笔墨迹较深的地方用针管笔，因为铅笔的石墨会粘到针管笔头上，损坏针管笔。

马克笔

马克笔分水性和油性，品牌有日本美辉（marvy）、韩国TOUCH、美国三福（SANFORD）、美国 AD 等，是现今设计师手绘着色最常用的工具。马克笔的特点是携带方便、色彩丰富、着色快速、笔触潇洒大气。

彩色铅笔

彩色铅笔最常用的是德国辉柏嘉（Faber-Castell）水溶性彩色铅笔，这种彩色铅笔可以反复叠加而不使画面发腻，适合深入表现家具、石材、光影的质感，是比较容易掌握的一种着色工具，而且使用时间较长。要注意的是绘图、削铅笔时不要用力过大，因为彩色铅笔的密度较小，很容易折断。

二、画纸类

复印纸

　　复印纸包括显酸性纸和中性纸，通常分为70g、80g、90g、100g 四个常见级别。复印纸使用广泛，价格低廉，但易破损，不宜长时间保存，适合初学练习时使用。

速写纸

　　速写纸常见的是速写本用纸，速写纸质地较厚，质量约为150g，因此在设计绘图时用笔流畅，常见为A4、A3 规格，外出画速写时常用，携带方便。

草图纸

　　草图纸是设计师最常用的画纸，质地轻而透明，常见的有白色和淡黄色两种，成卷装，使用方便，而且使用时间较长，适合在做设计方案时画创意草图，深受设计师的青睐。

硫酸纸

　　硫酸纸较草图纸更为透明、厚重，纸面较滑。由于普通笔在上面绘图易断墨，而且笔迹在纸面上不易快干，容易把画面弄脏，因此在硫酸纸上绘图常用针管笔或一次性针管笔。

新闻纸

　　新闻纸常用来画速写或绘制概念草图，纸面呈棕黄色，绘制的画面有特殊的效果，可根据设计师的喜好来选择使用。新闻纸价格较为低廉。

水彩纸

　　水彩纸质地较厚，纹理鲜明，一般呈颗粒状或条纹状，适合水彩渲染效果图。水彩纸吸水性较好，进行水彩渲染能体现独特效果。初学手绘时，选用一般的水彩纸就可以了。

牛皮纸

　　牛皮纸一般为棕色，质地厚实，易保存。牛皮纸上绘制的图画古朴而且富有亲和力，好的设计与表现图在牛皮纸上绘制后既是设计作品，也可做成艺术品，装裱后挂在墙上，营造设计氛围。

素描纸

　　素描纸与速写纸类似，质地也比较厚重，适合绘制比较深入细致的效果图，而且用马克笔、彩色铅笔反复着色也不会弄破纸张，表现的色彩也比较真实。

三、尺规类

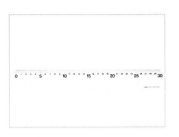

直尺

直尺是设计师最常用的尺规类工具，一般为 30 ~ 50 mm 长。

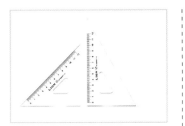

三角板

三角板是设计绘图常用工具，三角板刻有标准的 30°、45°、60° 和 90°，能绘制平行线、垂直线及各类角度线。三角板使用方便，常与专业绘图板配合使用。

圆规

据记载,雅典的代达罗斯(一位伟大的艺术家、建筑师和雕刻家)发明了圆规。圆规在设计和绘制详图时使用较多,解决了人们精确画圆的难题。

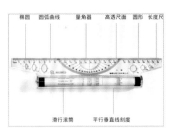

平行尺

平行尺又称角度平行尺或多功能平行尺,通常用作画平行线,也兼具椭圆、圆弧、量角器等功能用途。平行尺是创意设计、手工制图的常用工具,一尺多用、使用方便,而且物美价廉。

曲线板

曲线板是设计师绘制带有曲线、弧线的平面和立面图时使用的工具,曲线板模具的样式较多,可根据需要进行选择。

量角器

量角器能够精确度量各种角度,在度量角度方面比三角板使用更为广泛,也是设计师常用的绘图工具之一。

比例尺

比例尺是设计师做设计的必备工具,比例尺能够帮助设计师精确推敲平面图、立面图的比例关系,深受设计师喜爱。

丁字尺

丁字尺又称 T 形尺,为一端有横档的"丁"字形直尺,由互相垂直的尺头和尺身构成,常在创意设计、绘制图纸时配合三角板、绘图板等工具使用。丁字尺多用木料或塑料制成,一般有 600mm、900mm、1200mm 三种规格。

四、箱包类

工具箱

工具箱样式较多，上图中的工具箱主要用来装马克笔，两层工具箱大约能装65支马克笔。此工具箱颜色很多、透明度较高，便于设计师着色时寻找笔的型号与颜色，而且外出写生创作携带很方便。

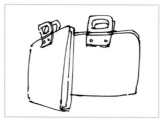

图纸包

图纸包常见的有A3、A2规格，设计师学习手绘一般常用A3图纸包，里面可以放A3、A4的图纸，也可以放马克笔、笔袋等设计工具。上图所示的图纸包为手提型，便于设计师出差或写生携带图纸，方便、实用。

图纸夹

常见的图纸夹有A4、A3规格，适合放置手绘效果图。使用图纸夹能让学习手绘的设计师养成良好的习惯，设计师在翻看时不会把图纸弄脏、弄皱，图纸也会保存很久。扫描后的这些图纸比较容易处理成图片，因此，图纸夹是学习手绘的必备工具。

笔袋

笔袋可以放置钢笔、草图笔、针管笔、铅笔、橡皮、刻刀、扇形比例尺等，同样是设计师的必备工具。

写生椅

写生椅使用率不高，只有外出写生创作时才能派上用场。写生椅多为折叠、轻便型，携带方便，是爱好写生创作的设计师的必备用品。

马克笔架

马克笔架也称作放置马克笔的笔插，透明材质，容量很大，方便查找色号，便于在办公室、外出写生等不同场景中使用，相对于普通工具箱更具针对性，更加实用，专门为设计师、艺术家量身定制。

第三节　设计师的工作环境

　　设计师，是指受过专业教育或训练，以设计为主要职业的人。对于设计师来说，办公桌面环境的重要性远超其他行业，一个舒适的设计环境有助于深入思考、激发更多的创作灵感，可以说设计师大部分的时间都在办公桌前度过，很多重要的设计与交流也在办公桌上产生，因此，好的桌面环境对设计师很重要。设计师工作环境的基本要求是空气流通，采光好，视野好，空间具有设计感，不必豪华但细节要到位，最好有一整面墙的书柜和一整面墙的乱中有序的草图。

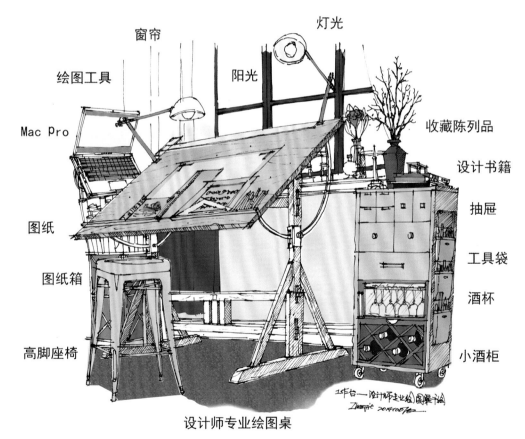

窗帘　　灯光　　绘图工具　　阳光　　Mac Pro　　收藏陈列品　　设计书籍　　图纸　　抽屉　　图纸箱　　工具袋　　酒杯　　高脚座椅　　小酒柜

设计师专业绘图桌

010

The Hand-drawing Rendering
of Interior Design

第四节　手绘的表现形式与表现技法

一、手绘的表现形式

1. 概念草图

　　概念草图，顾名思义就是一种草稿。其线稿的特点是快速、概括、大气，其彩稿也是用大笔触处理大的色块及体量关系。概念草图是设计师对空间的最初感知和想法，以及对思维结果的概括，它存在一些不确定的因素，因此不是设计师最终的设计想法。概念草图能直观地让客户了解设计师的设计思路与想法，是设计师与客户沟通的一种重要手段。

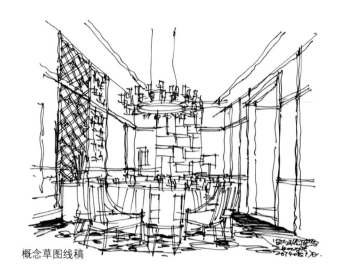

概念草图线稿

概念草图彩稿

概念草图彩稿

2. 方案表现图

绘制方案表现图是设计师对概念草图进行推敲、深化的一个过程，多在设计任务和目的基本确定，且空间关系的形体、比例、基调、格局也基本确定后绘制。这个阶段的图纸往往用于与客户洽谈和向客户汇报。

方案表现图线稿

方案表现图彩稿

3. 尺规表现图

尺规表现图是对方案表现图进一步细化的一个过程，是设计师对家具造型风格、材料细节、陈设造型摆放形式等的具体表现，可以达到增加空间的实用性、美化性，体现空间品位、气质的目的。

尺规表现图线稿

二、手绘的表现技法

1. 线稿的黑白表现

　　线稿的黑白表现是手绘中常用且重要的一种表现手段，也是设计师在工地现场与工人和客户交流最便捷的方式。在没有彩色工具的时候，设计师通过一支笔就能表现自己的想法。线稿是彩稿的基础，相对彩稿较难掌握，因此必须进行大量的练习和积累。线稿强调笔触流畅、形体比例准确、空间感强。

书房一角线稿

2. 马克笔着色表现

用马克笔进行效果图着色是设计师常用的一种表现手段，特别是在设计师创作方案图纸时，非常方便、实用。马克笔强调行笔快速、大胆，画面体块关系分明，明暗对比强烈，笔触跳跃。应注意色彩不要太花哨，笔触不宜叠加多次，这样画面才会整洁、和谐、统一。

丽思卡尔顿私人住宅客厅彩稿

3. 彩色铅笔着色表现

彩色铅笔着色是相对比较容易掌握的一种表现技法，特点是色彩丰富，对比柔和，对细节的表达能力强，并且容易修改。

客厅彩稿

4. 水彩着色表现

水彩着色表现的特点是色彩丰富、对比柔和、肌理丰富。水彩效果图除了能深刻地表达内容与情感之外，还能给人以湿润流畅、晶莹透明、轻松活泼的感觉。

欧式厨房彩稿

第五节　线条的练习方法

一、线的重要性

　　在这里要强调一下线条在手绘中的重要性。很多人认为线条练习枯燥乏味，没有什么必要，这主要是还没认识到线条的重要性。对于初学者来说，要想快速提高手绘水平，线条的练习是必不可少的。当然，基础不错的初学者可以直接画空间图，在画空间图的过程中仔细体会线条的运用，因为无论是手绘小的空间还是大的场景，无论是简单的还是复杂的，这些都是由最基本的线条组成的。画面氛围的控制与不同的线条画法有着紧密的联系。线条的疏密、倾斜方向的变化、不同线条的结合、运笔的急缓等，都会产生不同的画面效果。

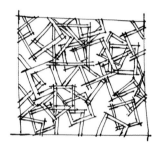 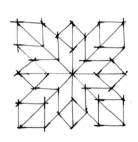 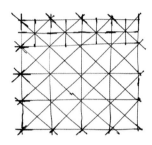 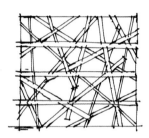

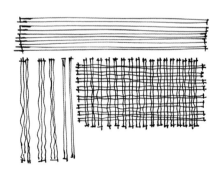 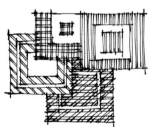  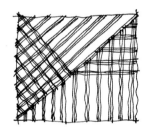

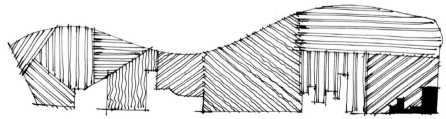

二、线的练习

掌握好手绘表现的很重要的一点就是线条的练习。线条的练习需要坚持才能达到好的效果，主要包括直线（横直线、竖直线、斜直线）、曲线（横曲线、竖曲线、斜曲线）、弧线、椭圆、正圆、不规则线、长线、短线、快线和慢线的练习，接下来讲解不同线条的组合训练。

1. 直线的练习方法

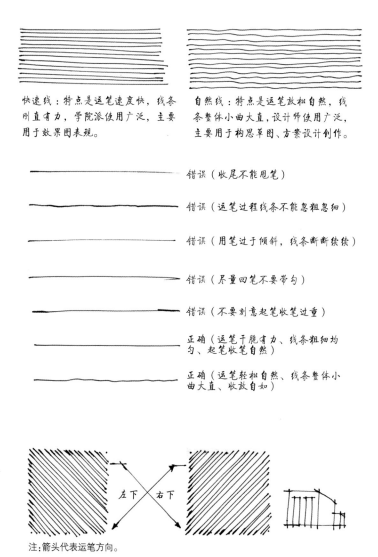

快速线：特点是运笔速度快，线条刚直有力，学院派使用广泛，主要用于效果图表现。

自然线：特点是运笔放松自然，线条整体小曲大直，设计师使用广泛，主要用于构思草图、方案设计创作。

错误（收尾不能甩笔）

错误（运笔过程线条不能忽粗忽细）

错误（用笔过于倾斜，线条断断续续）

错误（尽量回笔不要带勾）

错误（不要刻意起笔收笔过重）

正确（运笔干脆有力、线条粗细均匀、起笔收笔自然）

正确（运笔轻松自然、线条整体小曲大直、收放自如）

左下　右下

注：箭头代表运笔方向。

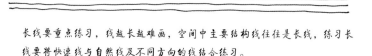

长线要重点练习，线越长越难画，空间中主要结构线往往是长线，练习长线要将快速线与自然线及不同方向的线结合练习。

画长线要注意：胳膊动，手腕不动。

竖线运笔方向：由上往下。

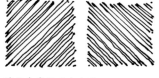

短线在手绘中运用量是最大的，不同长度、不同方向的短线要结合练习。

画短线要注意：胳膊不动，手腕动。

练习直线的两个方法：
①画平行线（可两条、三条线以上成组合练习）；
②两点连线（带有目的性练习）。

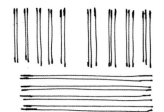

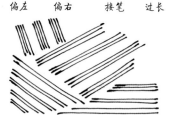

偏左　偏右　接笔　过长

2. 曲线的练习方法

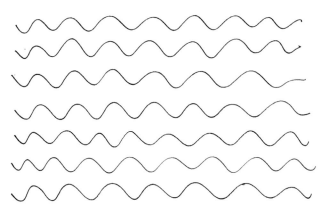

横向曲线（上下起伏过渡要圆滑）

曲线弧度与高度起伏大小的练习

练习完曲线再去画直线中的自然线，自然线将会更加自然、放松、流畅。

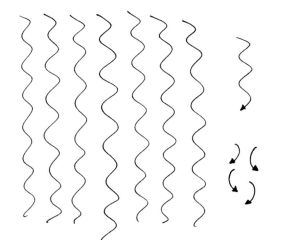

竖向曲线（上下起伏过渡要圆滑）

带透视的曲线组合（景观园路常用）

3. 弧线的练习方法

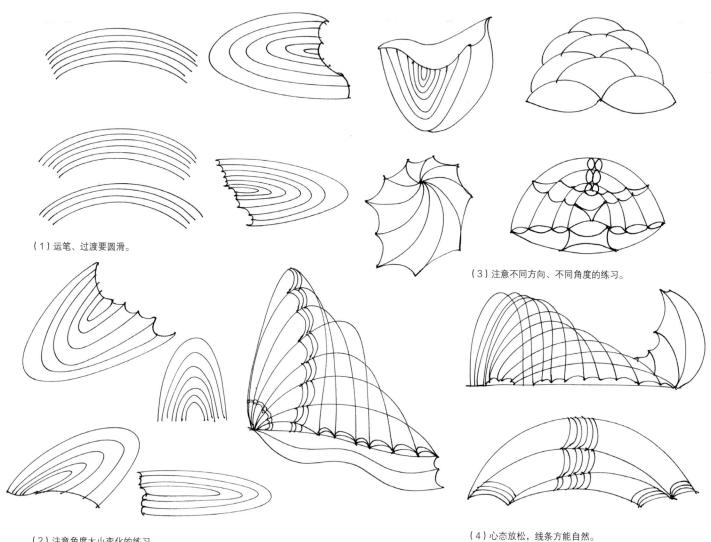

（1）运笔、过渡要圆滑。

（2）注意角度大小变化的练习。

（3）注意不同方向、不同角度的练习。

（4）心态放松，线条方能自然。

4. 椭圆的练习方法

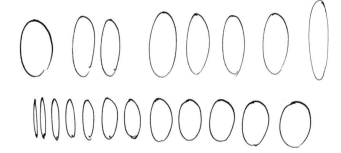

两笔画法：竖向"C"形和"弧线"。

两笔画法：横向"C"形和"弧线"。

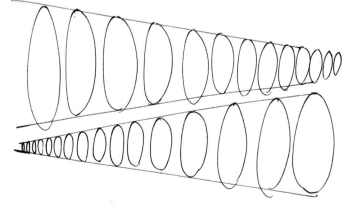

竖向椭圆：透视强弱引发的角度大小的变化。

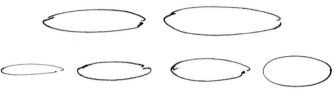

横向椭圆：透视强弱引发的角度大小的变化。

椭圆大小的练习

椭圆大小的练习

椭圆体块关系的练习

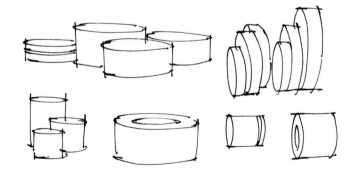

5. 圆的练习方法

基础：
可放慢速度先画圆，笔触粗细稳定，整体过渡圆滑饱满，起笔、
收笔交接自然顺畅。

正确与错误的画法：

错误	错误	错误	错误	正确
（线粗细不均）	（收尾外交接）	（收尾内交接）	（过渡不圆滑）	（过渡圆滑饱满，交接自然顺畅）

圆的大小练习：
用不同大小的纸张或不同的比例尺度表现圆形物体，圆
的大小是不同的。

基础	熟练	自然	应用
（先画圆）	（放松、速度快）	（像由笔生）	（实际运用）

形式：   种类：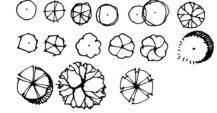

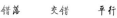
错落　交错　平行

6. 体块穿插与解构练习

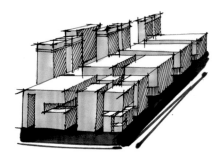

7. 不规则线的练习方法

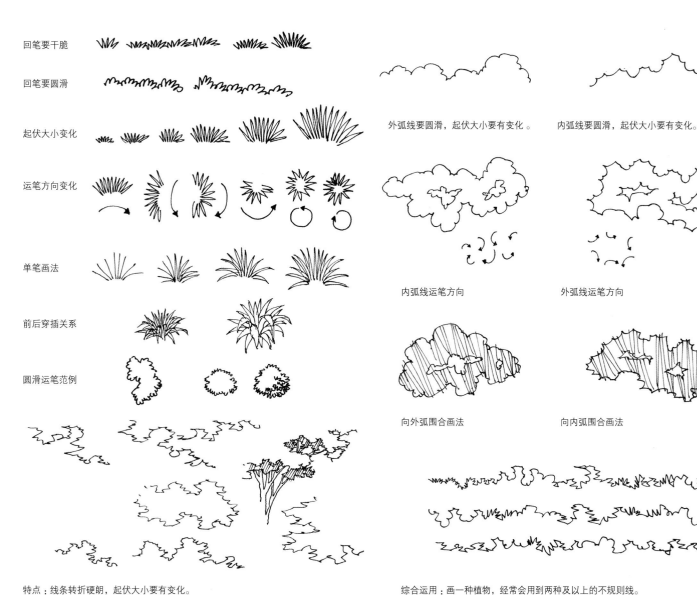

回笔要干脆

回笔要圆滑

起伏大小变化

运笔方向变化

单笔画法

前后穿插关系

圆滑运笔范例

外弧线要圆滑，起伏大小要有变化。

内弧线要圆滑，起伏大小要有变化。

内弧线运笔方向

外弧线运笔方向

向外弧围合画法

向内弧围合画法

特点：线条转折硬朗，起伏大小要有变化。

综合运用：画一种植物，经常会用到两种及以上的不规则线。

第六节　马克笔使用技法

排笔：

甩笔：

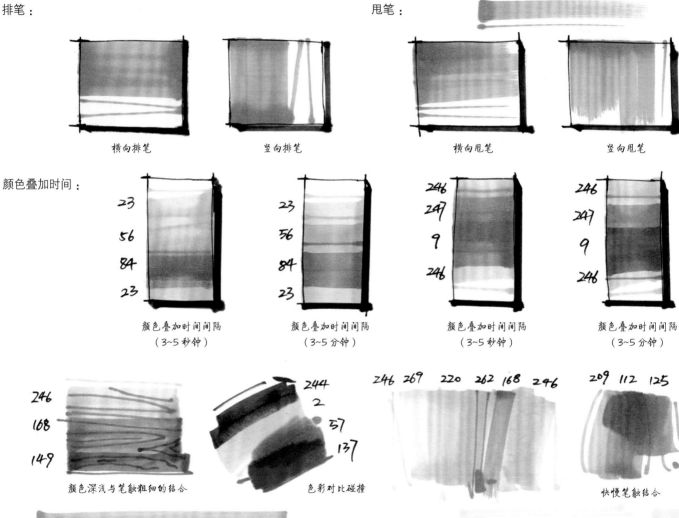

横向排笔　　　　竖向排笔　　　　横向甩笔　　　　竖向甩笔

颜色叠加时间：

23
56
84
23

23
56
84
23

246
297
9
246

246
297
9
246

颜色叠加时间间隔
（3~5秒钟）

颜色叠加时间间隔
（3~5分钟）

颜色叠加时间间隔
（3~5秒钟）

颜色叠加时间间隔
（3~5分钟）

246
168
149

颜色深浅与笔触粗细的结合

244
2
57
137

色彩对比碰撞

246 269 220 262 168 246

209 112 125

快慢笔触结合

干枯轻快笔触（打底）

湿润手和笔触（覆盖）

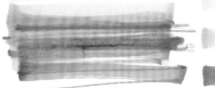

1
100
112

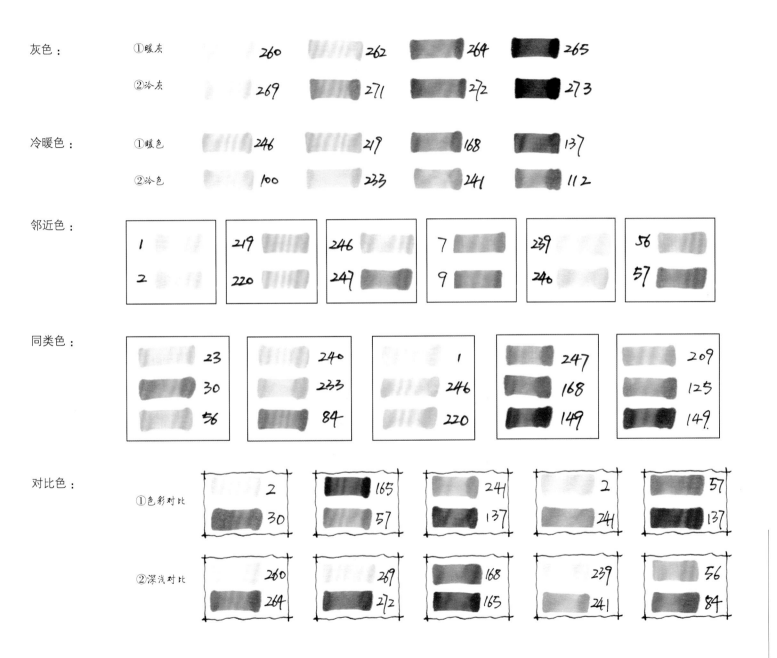

灰色：　①暖灰　　260　262　264　265

　　　　②冷灰　　269　271　272　273

冷暖色：①暖色　　246　219　168　137

　　　　②冷色　　100　233　241　112

邻近色：

| 1 | 219 | 246 | 7 | 239 | 56 |
| 2 | 220 | 247 | 9 | 240 | 57 |

同类色：

23	240	1	247	209
30	233	246	168	125
56	84	220	149	149

对比色：

①色彩对比

| 2 | 165 | 241 | 2 | 57 |
| 30 | 57 | 137 | 241 | 137 |

②深浅对比

| 260 | 269 | 168 | 239 | 56 |
| 264 | 272 | 165 | 241 | 84 |

马克笔常用笔宽：　　　　　　运笔速度：

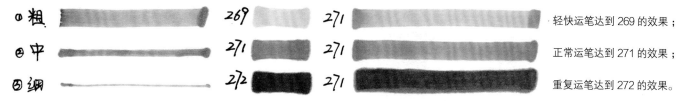

轻快运笔达到 269 的效果；

正常运笔达到 271 的效果；

重复运笔达到 272 的效果。

　　马克笔本身的画笔常用宽度有三种，由此可见，在马克笔数量少的情况下 1 支笔可当 3 支笔使用。

对比：

通常画面着色是由浅入深，浅色整体画完再画更深
的层次，最后视觉中心主体及前景再画更深的颜色，
强调空间主次、明暗的对比与变化。

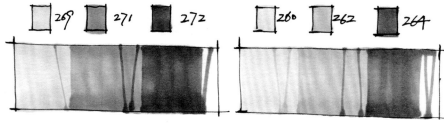

过渡：

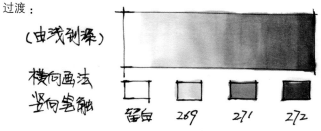

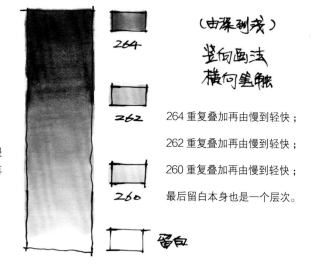

（由深到浅）

竖向画法
横向笔触

264 重复叠加再由慢到轻快；

262 重复叠加再由慢到轻快；

260 重复叠加再由慢到轻快；

最后留白本身也是一个层次。

留白本身也是一个层次；269 由轻快到慢再到重复叠加；271 由轻快到慢
再到重复叠加；用 269 过渡 269 与 271 之间的色差；272 由轻快到慢再
到重复叠加；用 271 过渡 271 与 272 之间的色差。

色彩搭配：

23	240	23+240	56	2	56+2	2	240	2+240

暖绿 + 蓝 = 冷绿　　冷绿 + 黄 = 暖绿　　黄 + 蓝 = 绿

137	244	137+244	240	209	240+209	209	246	209+246

红 + 深蓝 = 黑　　蓝 + 紫 = 蓝紫色

220	1	220+1	168	246	168+246	9	168	9+168
233	1	233+1	23	112	23+112	37	220	37+220

以上色彩搭配只是举例说明，可不断地去尝试搭配更多色彩，很多时候没有的颜色可以用不同的两支笔或更多支笔搭配出来，而且色彩会更加漂亮。
色彩搭配中，深色能覆盖浅色，浅色只能不同程度地影响深色。

色彩融合：

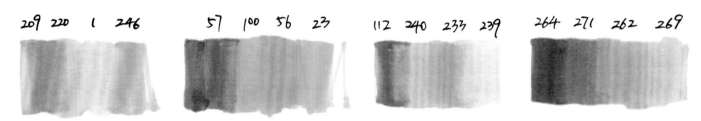

点缀色：

画"圈"式柔和笔触：

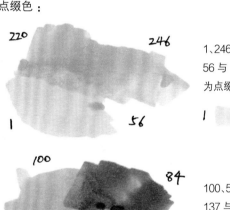

1、246、220 属于邻近色，且面积比例大，为主色调；56 与 1、246、220 属于对比色，且面积比例小，为点缀色。

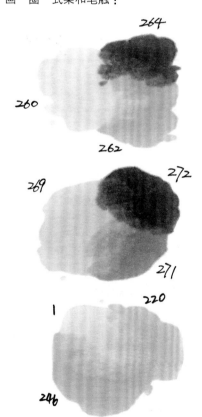

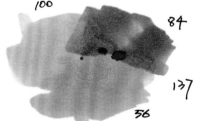

100、56、84 属于邻近色，且面积比例大，为主色调；137 与 100、56、84 属于对比色，且面积比例小，为点缀色。

233、241、112 属于邻近色，且面积比例大，为主色调；219 与 233、241、112 属于对比色，且面积比例小，为点缀色。

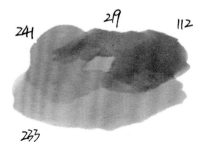

第七节 透视原理

透视原理是学习手绘效果图必须掌握的内容。只有学好透视原理，设计师才能在二维的平面上绘制出立体（三维）的效果图，即使是在电脑引领设计的时代，透视原理也是必学的。透视方式有三种：一点透视、两点透视和三点透视。透视的整体特点可以概括为"近大远小"。理性思维能力强的人学习透视较快，掌握好透视后感性思维能力强的人会进步较大，画得比较随意、干练。

一、一点透视

（1）在纸张高度的下方 1/3 处较居中的位置定出地平线 *GL*（也是 *ab*）线段，线段 *ab* 示例空间的真实长度 5m，如果 *ab* 线段的长度是 10cm，那么 2cm 就相当于实际空间的 1m，从而得出空间的真实高度线段 *bc*，进而画出长方形的内框 *abcd*。在距离地平线 *GL* 1.2~1.3m 的高度处定出视平线 *HL*。在视平线上定出消失点 *V* 点（*V* 点的通常定法，可居中，可靠左一些，或靠右一些，如果想着重表现左边的空间，那么 *V* 点可以靠右一些，反之靠左），过 *V* 点连接 *a*、*b*、*c*、*d* 四个点，即可得出空间的墙体线。

（2）向左（向右也可）延长地平线，在延长线上标出相应的刻度。在最外点画一根和视平线垂直的线，交点 *V₁* 就是辅助消失点，过辅助消失点连接标出的刻度。

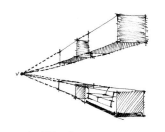

一点透视示意图

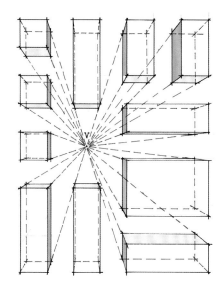

一点透视示意图

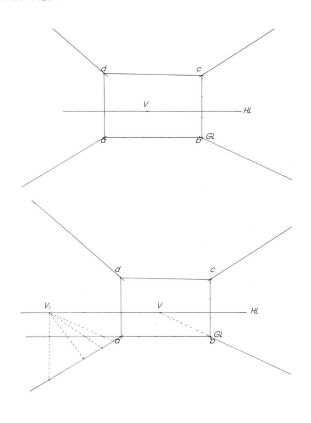

OMO

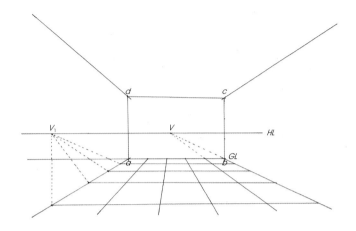

（3）画出空间的尺度格子,横线都是平行线,竖线过消失点,每一格示例空间面积为 1m²。

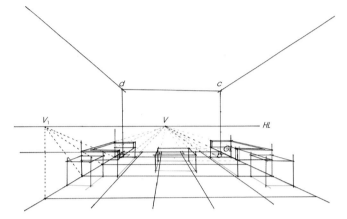

（5）根据人体工程学的家具尺度画出空间家具的高度，并用块体表示物体。

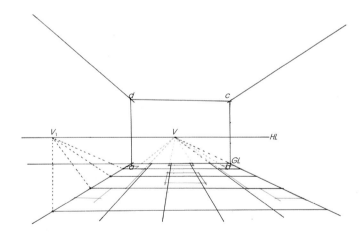

（4）根据人体工程学的家具尺度，画出空间家具的平面位置。

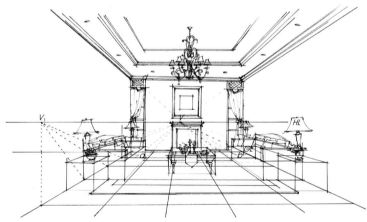

（6）根据物体块体和自己的设计，画出家具的造型，并丰富墙面和顶面（上图只做了局部细化，还可以把画面画得更丰富和深入）。

一点透视案例线稿

二、两点透视

两点透视又叫"成角透视"，顾名思义有 V_1 和 V_2 两个消失点，这两个消失点都位于人的视平线 HL 上，向左倾斜的线都消失相交于视平线上 V_1 这个点，向右倾斜的线都消失相交于视平线上 V_2 这个点。

两点透视的特点：对于初学者，两点透视比一点透视难掌握，是手绘表现中最常用的透视方法，两点透视表现出的空间气质自由、灵动，视觉感更舒服。

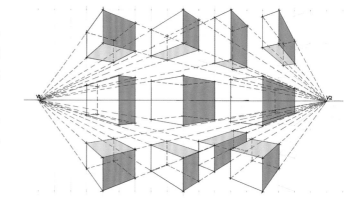

（1）在纸张的 1/3 处定出地平线 GL，画出墙角线 ab，根据 ab 的长度得出空间的比例尺度，ab 代表的是空间的真实高度 3m（普通层高一般是 2.8m，便于计算，一般取整），ab 线段长度为 6cm，那么纸上的 2cm 就相当于真实尺度的 1m。在距离地平线 GL 1.2~1.3m 的高度处定出视平线 HL，在视平线上，根据自己想要的墙体角度，得出 V_1、V_2 两个消失点，消失点定得越靠外，空间角度就越平缓，画面感觉就会越好。

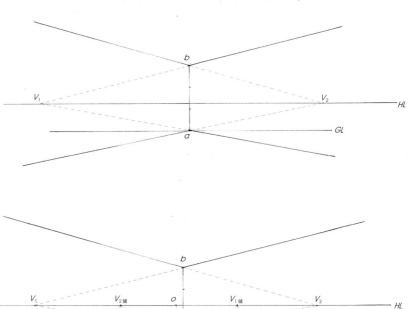

（2）画出空间的长和宽：找出 V_1V_2 的中点 O 点，平行于 ab 线画一条线段 OE（与 V_1O、OV_2 线段同长）连接线段 V_1E、V_2E，找出 V_1 辅助消失点 $V_{1辅}$，V_2 辅助消失点 $V_{2辅}$（$V_1V_{1辅}$ 和 V_1E 同长，$V_2V_{2辅}$ 和 V_2E 同长）。在地平线 GL 左侧找出代表空间距离 3.5m 的若干个点，右边找出代表空间距离 3m 的若干个点，分别与 $V_{2辅}$、$V_{1辅}$ 连接。

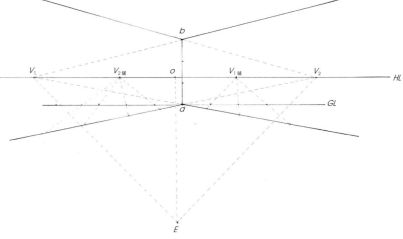

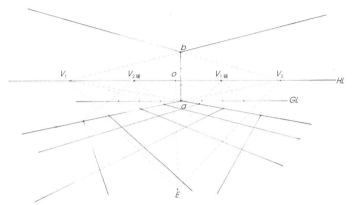

（3）分别过消失点 V_1、V_2，画出空间的尺度格子，每一格代表空间面积 $1m^2$。

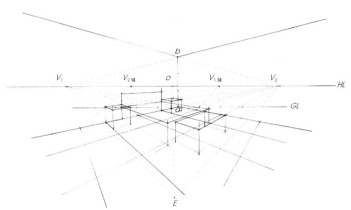

（5）根据人体工程学的家具尺度画出空间家具的高度，并用块体表示物体。

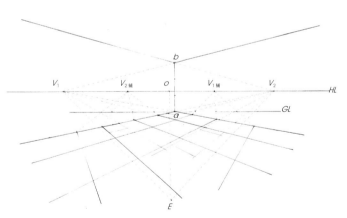

（4）根据人体工程学的家具尺度，画出空间家具的平面位置。

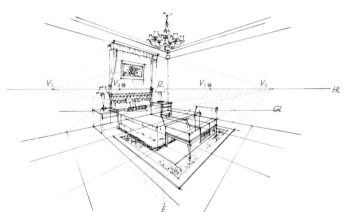

（6）根据物体块体和自己的设计，画出家具的造型，并丰富墙面和顶面（上图只做了局部细化，还可以把画面画得更丰富和深入）。

260
262
264
268
271
246
239
修过底

两点透视案例彩稿

三、三点透视

三点透视有三个消失点 V_1、V_2、V_3，在室内手绘表现中很少使用，常用于景观设计手绘中的鸟瞰图绘制，或在画高层建筑手绘效果图时用以凸显建筑的气势磅礴和高大雄伟。规划设计师经常需要使用这种透视方式来制图。

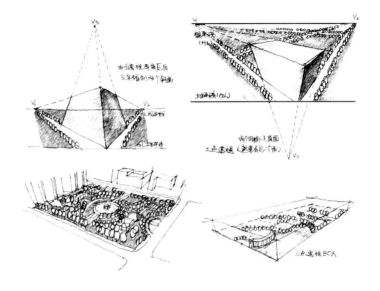

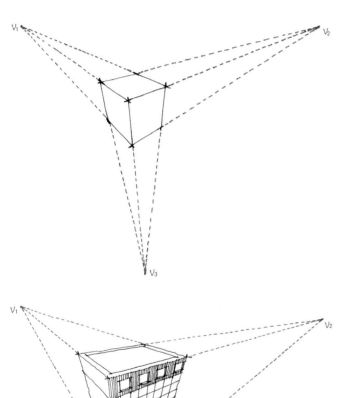

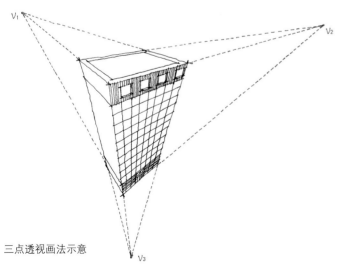

三点透视画法示意

人们站在摩天大楼的下方，仰望高楼时会看到楼逐渐变小，整个大楼的线、面都是向上和向两侧倾斜的，这是三点透视给人们带来的视觉效果，或者人们坐在飞机上俯瞰地上的高层建筑群，这时看到的高楼的转折线都在微微向下，并向两侧倾斜。概括地说，在表现仰视或俯视成片的建筑、景观或高大的建筑时，才会用到三点透视。

三点透视呈现视觉效果

高楼的转折线都在微微向下并向两侧倾斜

三点透视案例线稿

第八节　色彩分析

我们生活于彩色的世界，无时无刻不在与色颜打交道，作为设计师更是色彩设计的引领者。在室内设计中，色彩的搭配显得尤为重要，这关乎人们在空间中的视觉与生活的感受。

一个优秀的设计作品必须具备良好的色彩搭配基础。基础色彩知识的学习主要是对色环的认识，其中包括颜色的渐变过渡、主体色、辅助色、点缀色、三原色、色彩的辨识、色相、饱和度、亮度、色彩冷暖、冷色调、暖色调及中性色。

单色让空间显得简约、大气；亮色让空间充满生机和活力；灰

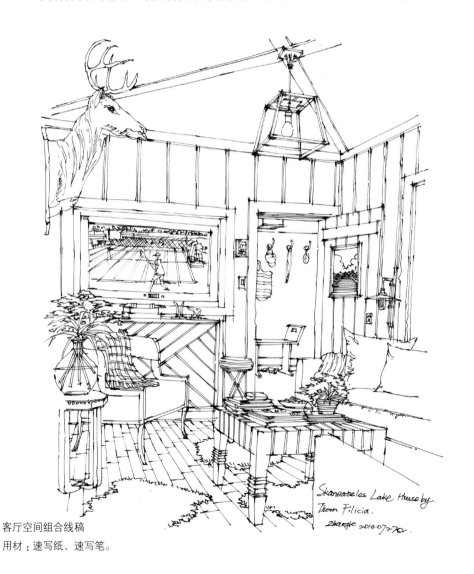

客厅空间组合线稿
用材：速写纸、速写笔。

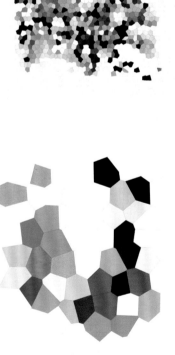

染色玻璃分析

色让空间显得安静、舒适；对比色让空间充满强烈的反差，例如黑白色、红蓝色的搭配；邻近色让空间变化微妙丰富，又协调统一。一般情况下，一个优秀的作品在色彩搭配上通常由一个主色、一两个辅色和少量纯度较高的点缀色组成。冷色与暖色的运用也要有主次之分。

　　本节列举了3个不同空间的色彩搭配案例，并使用photoshop软件中的"染色玻璃"功能来辅助认识一幅作品的冷暖色比例及色彩变化、色彩构成。

客厅空间组合彩稿
用材：复印纸、马克笔。

Skaneateles Lake House by.
Thom Filicia.
Zhangjie 20140727 0.

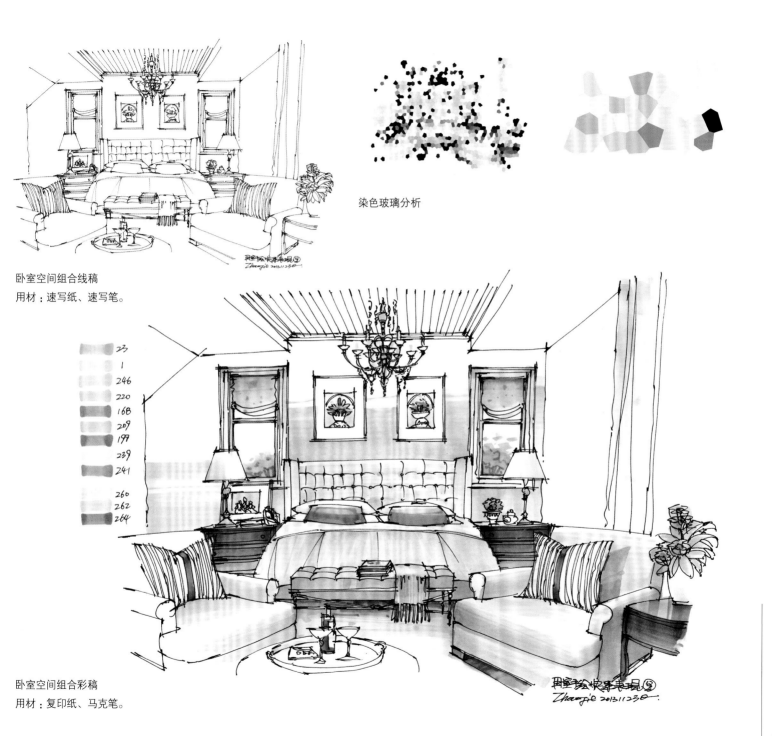

染色玻璃分析

卧室空间组合线稿
用材：速写纸、速写笔。

23
1
246
220
168
209
197
239
241
260
262
264

卧室空间组合彩稿
用材：复印纸、马克笔。

餐厅空间组合彩稿
用材：复印纸、马克笔。

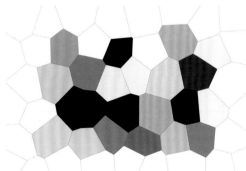

染色玻璃分析

第二章 手绘材质、光线的技法与运用

材质细节成就空间品质，坚硬和冰冷在材质细节面前也变得温暖了起来

手绘材料材质表现主要是指对木材、石材、碎石、砖、混凝土、玻璃、灯光等质感的表现，以下是对各种材料质感手绘技法及运用的举例。

第一节 木材材质手绘技法

木材的优点是重量轻、强度高，具有弹性和韧性，易于着色、油漆、加工等，缺点是易变形、易腐、易燃，各方向强度不一致，木材具有较强的吸湿性，易湿胀和干缩，燃点低且顺纹抗压强度较高。

在建筑、室内、外部景观环境中木材常用作顺纹受压构件及受

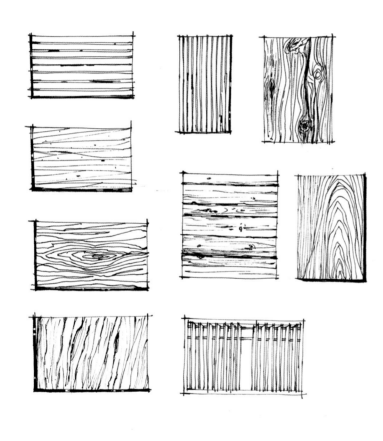

木材材质手绘线稿

木材材质实景图例

弯构件，按其用途和加工程度分为原条、原木、锯材三类。

在设计中用手绘表达木材纹理首先要了解其特点，木材体内轴向分子排列方向，有直纹理、斜纹理、螺旋纹理、波形纹理和交错纹理等类型，为此在手绘表达过程中要注意线稿对纹理走向、轻重急缓特点的绘制，在马克笔着色时注意色彩的微妙变化，着色顺序由浅入深。

木材纹理：主要运用横向或竖向线条来表达，中间用双线区分木材拼接的间隔，在间隔部分偶有加重、加粗笔触，再配上马克笔颜色的深浅渐变来表现其质感。木纹理主要是表现出不同树木年轮纹理走向的变化，画纹理主要用侧笔去画，充分运用手对笔的轻重压力，才能产生虚实、疏密、断续的纹理质感，再融入马克笔颜色、笔触的深浅搭配，效果更佳。

木材材质手绘彩稿

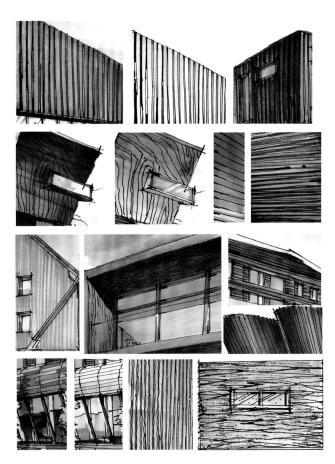

木材材质实景图例

木材材质运用案例线稿
用材：复印纸、针管笔。

木材材质运用案例彩稿
用材：复印纸、马克笔、彩色铅笔。

第二节 石材材质手绘技法

　　石材是一种常用的建筑装饰材料，广泛应用于室内外装饰及环境设计，市场上常见的石材主要是天然石材和人造石材。天然石材按照物理化学特性分为板岩和花岗岩两种，人造石材按工序分为水磨石和合成石。

　　石材纹理自然、变化丰富、色彩多样且质感厚重，给人一种庄严雄伟的艺术美感，用手绘表达时要注意以下几点。

　　石材纹理线稿：（1）纹理走向、节奏的变化，纹理不要过于均匀，有疏密的变化才会显得自然，这样的线要用侧笔画，笔触要

有轻重急缓，纹理粗的地方，笔的倾斜角度要小一些，力度略大，个别纹理粗的地方要重复加工，纹理细的地方笔的倾斜角度大一些、力度小一些，甚至有消失的感觉；（2）石材给人坚硬的感觉，纹理笔触转折要干脆，"V"形、"之"字形走向的笔触常用。

　　石材纹理着色：（1）仔细观察石材颜色明暗、冷暖的变化，进行色彩分析，依据实物的特点着色，既要丰富，又要统一，明暗转折处运用对比强的笔触体现体积关系，注意色彩的过渡与对比；（2）石材着色顺序是由浅入深、由主到次（先画主色调，适当留白，再画附属色，最后画点缀色），这样，石材纹理才会显得更加自然生动。

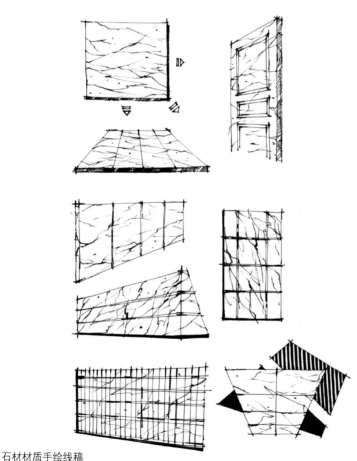

石材材质手绘线稿

石材材质实景图例

石材材质手绘彩稿

石材材质实景图例

048

石材材质运用案例线稿
用材：速写本、速写笔。

石材材料运用案例彩稿
用材：复印纸、马克笔、油漆笔。

OSO

第三节 碎石拼接手绘技法

碎石常用于建筑外墙、景观铺装。碎石材料给人以棱角分明、坚硬的感觉，又不失质朴、自然之美，可拼接出多种造型纹样。

碎石拼接线稿：用线表达时转折要干脆、肯定；碎石的体块大小不等，拼接要错落有致，拼接的缝隙大小应基本一致，在空间透视中整体也是近大远小。

碎石拼接着色：（1）碎石拼接运用在大面积的场景中时，其颜色统一中应略有变化，手绘着色要注意色彩前后虚实、冷暖、层次微妙的变化，色彩单一时可融入些环境色；（2）着色顺序应由浅入深、由主到次（先画主色调，适当留白，再画附属色，最后画点缀色），这样，碎石拼接描绘才会更加自然生动。

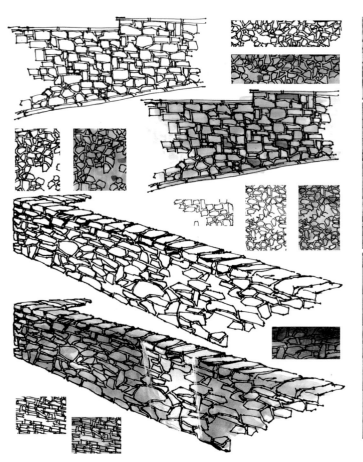

碎石拼接手绘图例

碎石拼接实景图例

碎石拼接运用案例线稿
用材：速写纸、速写笔。

碎石拼接运用案例彩稿
用材：复印纸、马克笔。

第四节 砖材料手绘技法

砖是最传统的砌体材料。建筑常用的人造小型块材，分烧结砖（主要指黏土砖）和非烧结砖（灰砂砖、粉煤灰砖等），俗称砖头。黏土砖以黏土为主要原料，经泥料处理、成型、干燥和焙烧而成。目前，砖已由黏土为主要原料逐步向利用煤矸石和粉煤灰等工业原料发展，同时由实心向多孔、空心发展，由烧结向非烧结发展。

砖的线稿画法：手绘表达砖的形体，通常有两种表现方式。一是整体画法，根据砖的基本比例、拼接方式，主要是横线与竖线的错落，在空间中，砖与砖之间的缝隙由双线到单线变化，这种画法的优点是速度快；二是单个砖画法，缺点是速度慢，优点是表现精致。

砖的着色画法：在色彩表现上通常是红砖、青砖。红砖在不同的光照、环境、风吹雨淋、时间变迁后色彩会有变化。红砖在马克笔着色时要有黄、橘黄、橘红、红、暗红甚至木色等色彩的变化与融合；青砖着色要注意环境色的变化，通常青砖呈微冷灰色调，细看带有淡淡的蓝灰，如在暖光源照射下会出现轻微的暖灰色，或冷暖之间的融合。

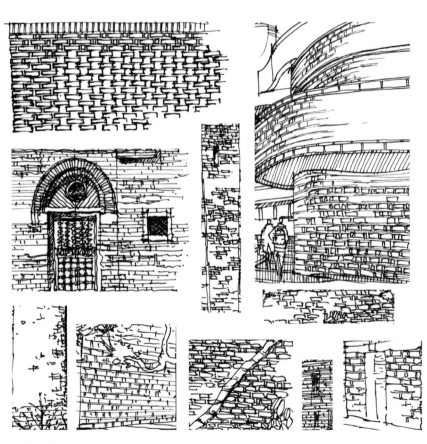

砖材料手绘线稿

砖材料实景图例

砖材料手绘彩稿

砖材料场景应用

054

砖材料运用案例线稿

用材：速写纸、速写笔。

砖材料运用案例彩稿
用材：复印纸、马克笔、油漆笔。

第五节 混凝土材质手绘技法

混凝土是由胶凝材料将集料胶结成整体的工程复合材料的统称。通常混凝土是指用水泥作胶凝材料，砂、石作集料，与水（可含外加剂和掺合料）按一定比例配合、加工而成的水泥混凝土，广泛应用于土木工程。

混凝土按照表观密度分为重型混凝土、普通混凝土、轻质混凝土；按定额分为普通混凝土和抗冻混凝土；按使用功能分为结构混凝土、保温混凝土、装饰混凝土、防水混凝土、耐火混凝土、水工混凝土、海工混凝土、道路混凝土、防辐射混凝土等。

混凝土线稿：线稿相对简单，一般不加修饰，必要时拉缝分割或画点、画三角号、画斜线，主要是着色出效果。

混凝土着色：混凝土的颜色一般呈灰色，彩色混凝土应用较少，用手绘表达主要以冷灰、暖灰色调为主。混凝土给人生冷坚硬的感觉，马克笔运用洒脱的排笔方式较为适合，当混凝土结构的建筑物经历时间、温度、湿度等风干、雨水冲刷会形成特殊的局部肌理，这时用色笔触要有变化，多用融合笔触，注意色彩深浅的细小变化。

混凝土材料手绘彩稿

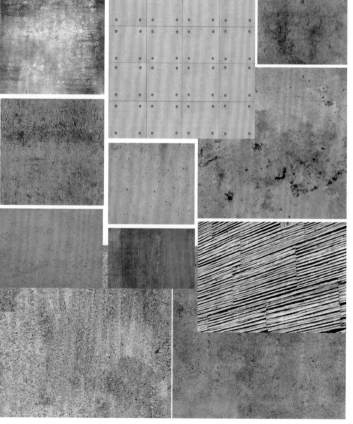

混凝土材料实景图例

混凝土材料手绘应用

混凝土材料实景应用

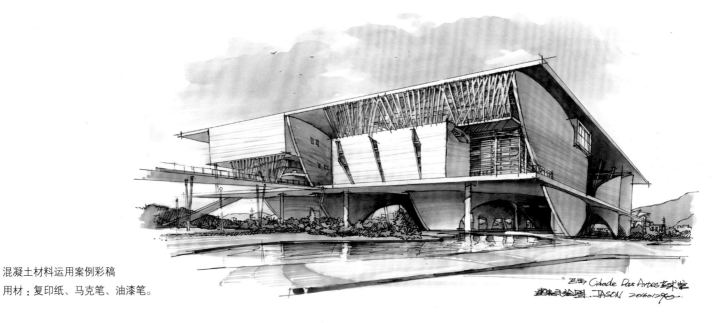

混凝土材料运用案例彩稿
用材：复印纸、马克笔、油漆笔。

混凝土材料运用案例彩稿
用材：复印纸、马克笔、电脑辅助。

第六节 玻璃材质手绘技法

玻璃的特点：玻璃是由沙子和其他化学物质熔融在一起形成的，广泛应用于建筑物，用来隔风透光，属于混合物。另有掺杂了某些金属的氧化物或者盐类而显现出颜色的有色玻璃，以及通过特殊方法制得的钢化玻璃等。

手绘一般要表达出玻璃透明、反光、倒影的材质特点。常见的玻璃是无色的，一般情况下通过蓝色天空反射到玻璃上就会呈现或深或浅的蓝色，阴天的玻璃呈现冷灰色，傍晚灯光、晚霞会呈现蓝、紫、黄等色彩的渐变，质感的表达也常用斜向的快速线及修正液的笔触。

玻璃手绘表达常用色号：灰色玻璃用 269、271、修正液等，如有周边构筑物重色反光请加深灰色；蓝色玻璃用 239、240、修正液，或加点灰色；夕阳反射玻璃用 1、220、209、239、240 等；夜景玻璃主要是室内灯光的色调，如 1、219、158 等，还有室内物体的颜色。

玻璃材质手绘彩稿

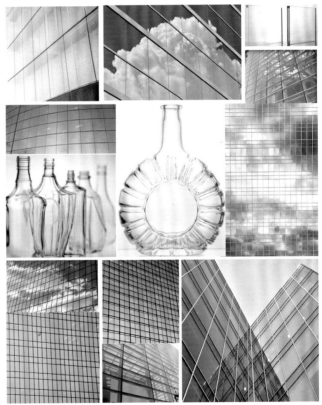

玻璃材质实景图例

玻璃材料运用案例彩稿

用材：复印纸、马克笔、油漆笔。

第七节 灯光照明手绘技法

随着社会的发展，灯光在设计中愈发重要，照明亮化设计也是一门重要的学科，在设计过程中通过手绘推敲表达光线，可以让色彩的表现力快速高效。

表现灯光用色顺序：由浅入深；常用颜色有白色（留白或用白色修正液）、1号淡黄、2号黄色、220或219号橘黄、158号橘红、215号大红；一般情况下灯光的周围都是深色调，天空一般是降低饱和度的深蓝或蓝紫，地面通常是蓝紫色的深色冷灰或深咖色的暖灰，周边物体的环境色也会产生影响，这样才能突出灯光的特点；周围环境越暗，灯光本身就越亮。

灯光照明手绘应用

灯光照明场景应用

灯光表现运用案例彩稿
用材：复印纸、马克笔、油漆笔。

第三章　家居陈设单体表现

家居陈设——与家有关的生活艺术

中国现代室内设计发展至今已经历了 30 多年的历程，室内设计的风格也正在趋于多元化。随着生活水平的提高，人们对家具及工艺品、布艺、灯具等家具配件的色彩、质地、形式、品质的追求也在逐步提高，单纯的功能性空间已不能满足人们的精神需要。很多设计师用"家居小品""配饰""软装饰"等词汇描述家居空间中营造和谐氛围的摆设物件，而更为准确的叫法应该为"家居陈设"。家居陈设是指在某个空间内将家具陈设、家居配饰、家居软装饰等元素通过完美的设计手法呈现在整个空间中，使得整个空间满足人们的物质需求和精神需求。

在欧美发达国家，家居陈设设计已经处于成熟阶段，而在我国，还处于探索起步阶段。随着国外设计公司入驻中国和外来文化的融入，再加上人们生活水平、审美品位的提高，家居陈设已经越来越受到人们的重视。

第一节　沙发单体训练

国内的"为坐而设计"大赛、国际的"米兰家具设计展"等赛会都在推动着因"坐"而迸发出的创意灵感。沙发作为一种软座，

室内家具单体训练

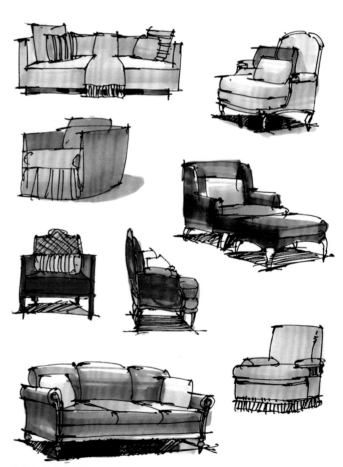

室内家具单体训练

每天都在被人们使用，它是家居陈设的重要组成部分，无论是它的
造型、色彩、质地，还是实用性，都体现着人们审美的进步和生活
品质的提高。

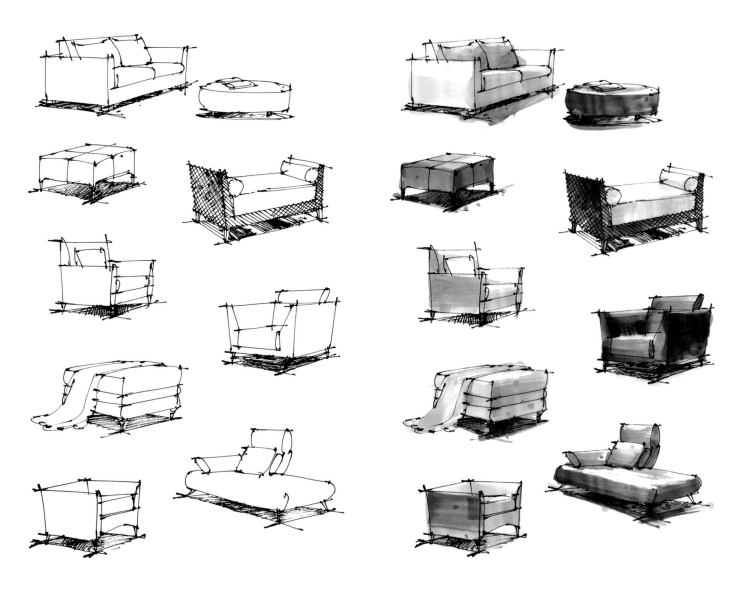

沙发单体训练线稿   沙发单体训练彩稿

第二节　茶几单体训练

　　古人在几条简单的木桩上面放一块板，就成了喝茶的地方，也就是"几"的样子。

　　一般来讲，茶几较矮小，有的还做成两层，以方便储物。清代茶几较少单独摆设，往往放置于一对扶手椅之间，成套陈设在厅堂两侧。茶几最初的功能比较单一，最常放置的是茶具，因此称为"茶几"。在国外，由于人们习惯喝咖啡，因此也把它称为"咖啡桌"。

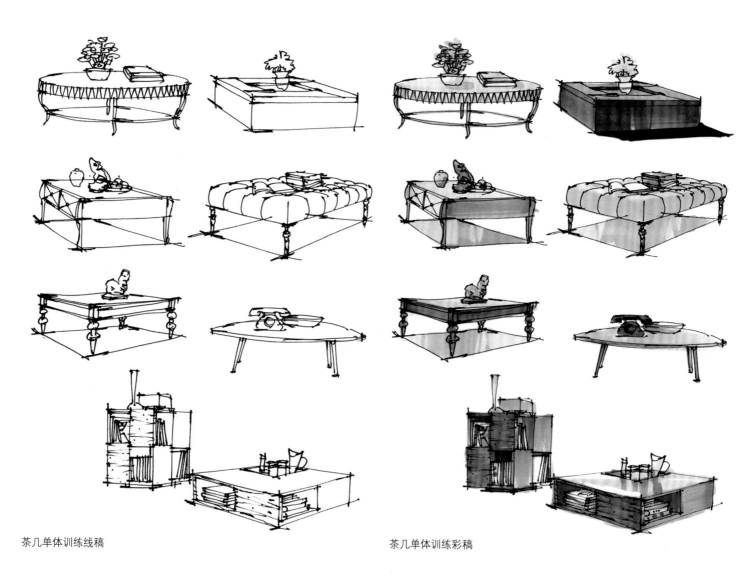

茶几单体训练线稿　　　　　　　　　　　　　　茶几单体训练彩稿

在现代家居中，茶几的位置及组合形式是很灵活的，除了在客厅沙发前摆设的正式茶几，还演变出角几、电话几、沙发背几、床头几等诸多种类，供放置专用物件及摆设。茶几的材质也不相同，有木材、皮质、金属、玻璃、布艺、藤质等。人们可根据茶几不同的造型、材质和功能搭配不同款式的沙发。

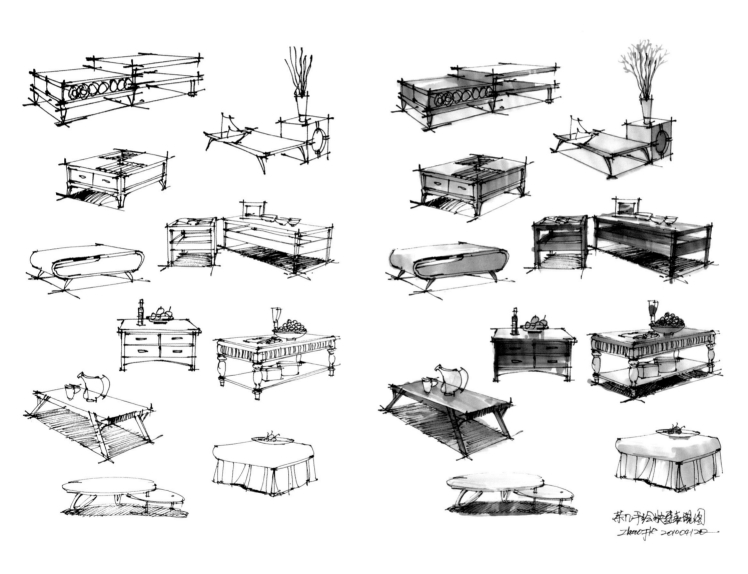

茶几单体训练线稿   茶几单体训练彩稿

第三节　椅子单体训练

随着生活水平的提高，椅子在家居陈设中扮演的角色也趋于多样化，不仅要求它实用，而且要求它的款式、风格与家居装饰相互衬托、协调。

椅子单体训练线稿　　　　　　　　　　　　椅子单体训练彩稿

椅子单体训练线稿

椅子单体训练彩稿

第四节　橱柜单体训练

　　橱柜能够满足家庭日常的储物需求。随着时代的发展及家居装修风格的多样化，橱柜的样式、风格也变得丰富起来。

中式、泰式、欧式、阿拉伯式等各种各样的橱柜，不仅在使用功能上趋于人性化，而且代表了不同的文化。

橱柜单体训练线稿　　　　　　　　　　　橱柜单体训练彩稿

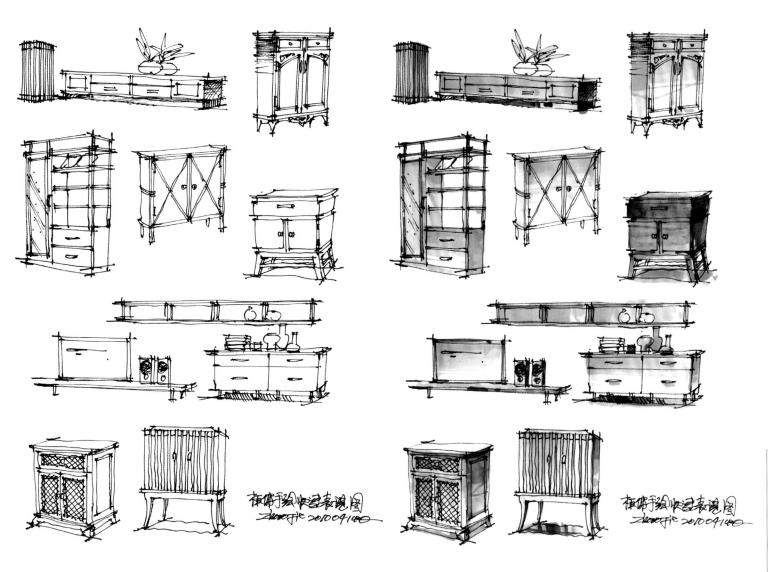

橱柜单体训练线稿   橱柜单体训练彩稿

第五节　床单体训练

在家居陈设中,床及床品可谓是重头戏。古代的床兼具多重功能,写字、读书、饮食等活动都可在床上放置的案几上完成。现在床是专供人休息的家具,虽说功能单一,但这单一功能却被放大,人们对床的造型、面料、色彩、舒适度等需求都在不断提高。

078

T he Hand-drawing Rendering
of Interior Design

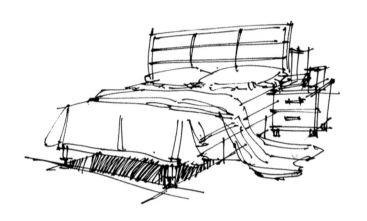

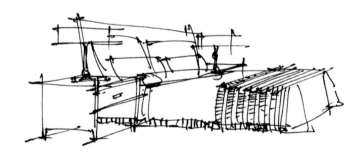

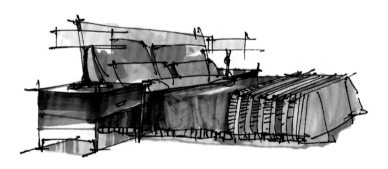

床单体训练线稿

床单体训练彩稿

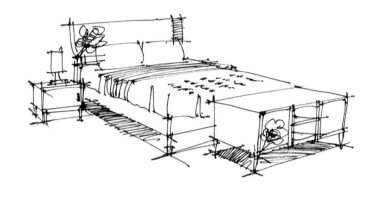

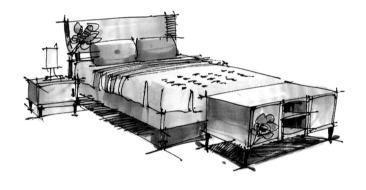

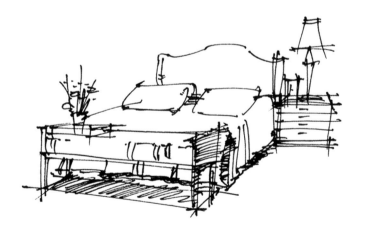

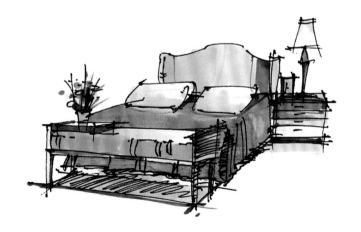

床单体训练线稿

床单体训练彩稿

第六节　洁具单体训练

洁具是现代室内家居配套物件中不可或缺的组成部分，它既要满足功能要求，又要满足节能、节水的要求。在洁具的材质中，人们使用最多的是陶瓷、搪瓷生铁、搪瓷钢板、水磨石等。随着建材技术的发展，国内已相继推出玻璃钢、人造大理石、人造玛瑙、不锈钢等新材料。洁具五金配件的加工技术也由一般的镀铬处理发展到用各种手段进行高精度的加工处理，以获得造型美观、节能、消声的高档产品。

洁具的种类繁多，但对其共同的要求是表面光滑、不透水、耐腐蚀、耐冷热、易于清洗和经久耐用。

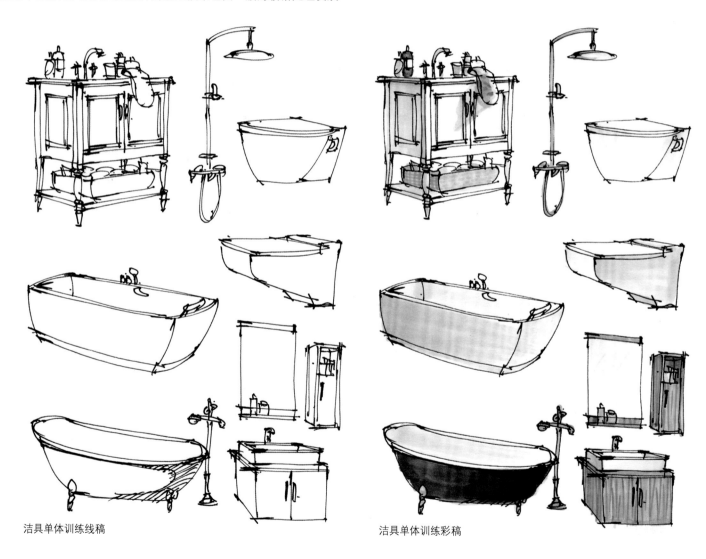

洁具单体训练线稿　　　　　　　　　　　　　　洁具单体训练彩稿

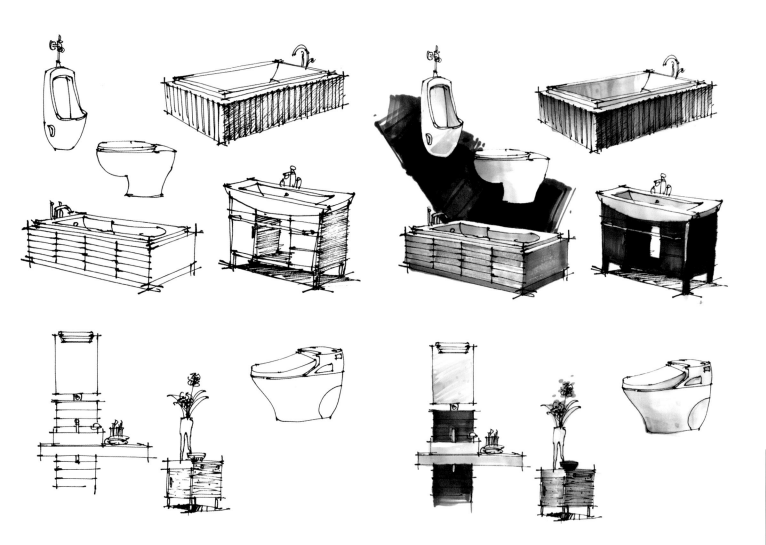

洁具单体训练线稿   洁具单体训练彩稿

第七节　家用电器单体训练

　　家用电器已成为人们现代生活的必需品。电视、电脑、电话、冰箱、洗衣机、微波炉等家用电器是生活质量的保证。设计师不仅要了解家用电器的品牌、功能、尺度、使用方法及使用寿命，而且要清楚家用电器的安装程序和安装位置。

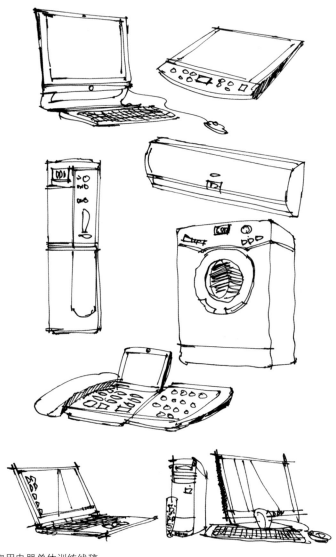

家用电器单体训练线稿

家用电器单体训练彩稿

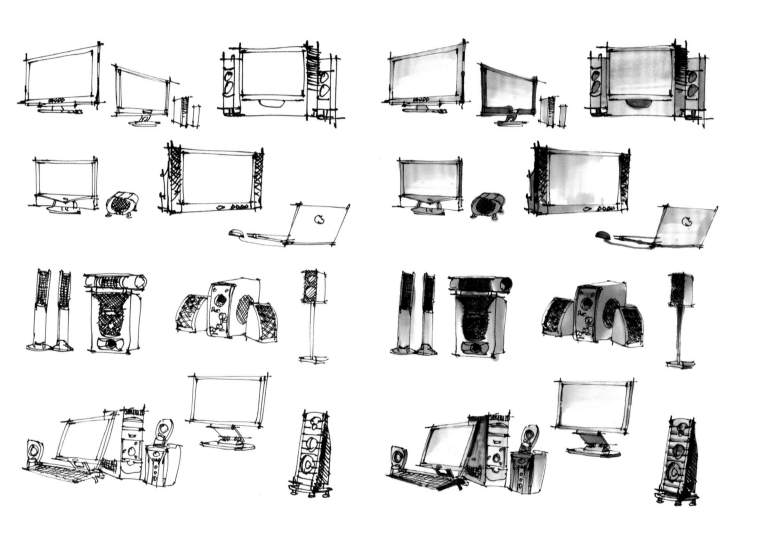

家用电器单体训练线稿　　　　　　　　　　　家用电器单体训练彩稿

第八节　灯具单体训练

在现代家居生活中，灯具不仅具有照明功能，而且可充当一件艺术陈列品。环保、节能、安全的灯具越来越受到人们的青睐。随着生活水平、审美素养的提高，人们对灯具的艺术造型、布局形式、光源变化的追求也在加强。设计师精心设计，努力使家居灯饰满足客厅温馨明亮化、卧室幽静舒适化、书房用途专一化、厨卫安全重点化、装饰物重点化等要求。

灯具单体训练线稿

灯具单体训练彩稿

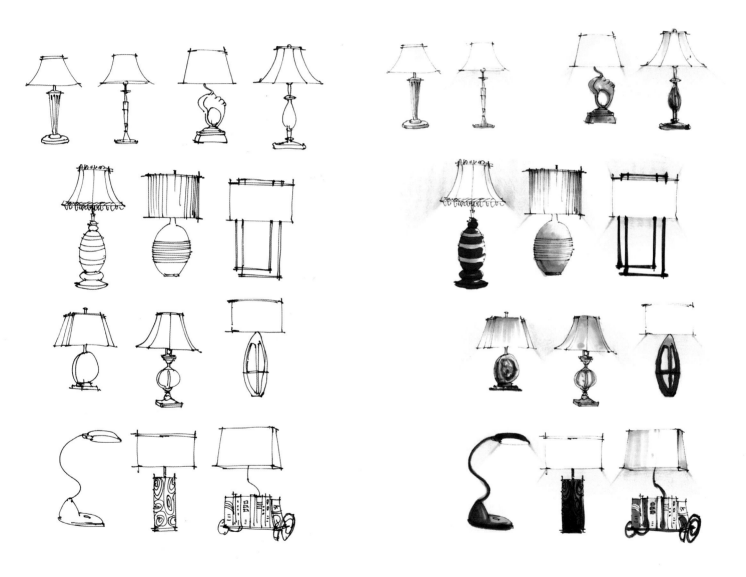

灯具单体训练线稿

灯具单体训练彩稿

第九节　植物单体训练

植物在家居生活中除了能美化环境、调节心情之外，还能净化室内空气。居室中摆放的植物一般分为芳香植物、净化空气植物、防辐射植物、驱蚊虫植物等。一般新房中适合放置净化空气的植物，以此来吸收装修后室内残存的甲醛、氯、苯类化合物。由于室内受阳光照射的时间较短，因此最好选择那些能较长时间在光照不足的环境下生长的耐阴植物或半耐阴植物。

植物单体训练线稿

植物单体训练彩稿

植物单体训练线稿 植物单体训练彩稿

第十节　家居小品训练

　　家居小品意在营造室内空间意境氛围，传达环境的独特气质与使用者审美品位。室内空间中的家居小品多以摆件、器皿、工艺品、艺术装置、挂画、花艺等饰品进行陈列。

　　家居小品在空间中的摆放不是堆叠，而是有选择、有需求的精心搭配，往往好的小品造型、色彩、材料质地的选择、搭配能起到画龙点睛的作用。

家居小品训练线稿　　　　　　　　　　　　　　　　家居小品训练彩稿

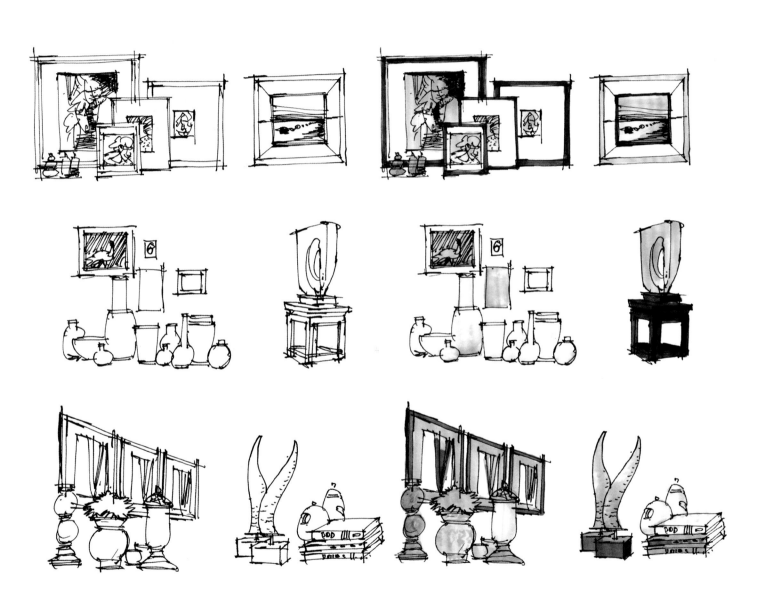

家居小品训练线稿　　　　　　　　　　　　　　家居小品训练彩稿

第四章 家居空间组合手绘表现

空间组合家居陈设的递进式

正确的家居空间组合能更加体现陈设单体的气质。贵重的单体陈设不一定适合高贵、奢华的家居空间，而是要结合空间的特点及配饰的色彩、造型、材质、尺度关系等进行空间搭配、协调和整合。陈设单体只有在适合的空间才能体现其自身的价值。

第一节　客厅空间组合手绘表现

客厅空间组合彩稿
用材：复印纸、马克笔。

客厅空间组合彩稿
用材：复印纸、马克笔。

客厅空间组合彩稿
用材：复印纸、马克笔。

客厅空间组合彩稿
用材：复印纸、马克笔、油漆笔。

客厅空间组合彩稿
用材：复印纸、马克笔。

第二节　卧室空间组合手绘表现

卧室空间组合彩稿
用材：复印纸、马克笔。

卧室空间组合线稿
用材：速写纸、速写笔。

卧室空间组合彩稿
用材：复印纸、马克笔。

卧室空间组合彩稿
用材：复印纸、马克笔。

卧室空间组合线稿

用材：速写纸、速写笔。

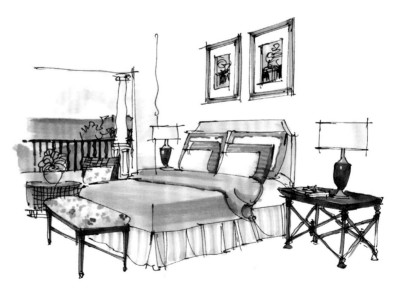

卧室空间组合彩稿

用材：水彩纸、水彩颜料、水彩笔、彩色铅笔。

卧室空间组合彩稿

用材：复印纸、马克笔。

第三节　卫生间空间组合手绘表现

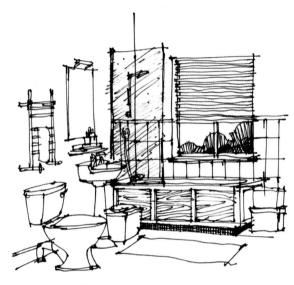

卫生间空间组合线稿
用材：速写纸、速写笔。

卫生间空间组合线稿
用材：速写纸、速写笔。

卫生间空间组合彩稿
用材：速写纸、速写笔、马克笔。

卫生间空间组合线稿
用材：速写纸、速写笔。

第四节 书房空间组合手绘表现

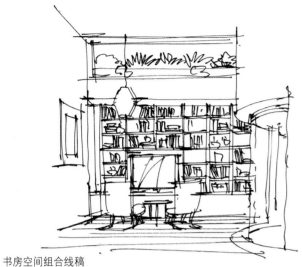

书房空间组合线稿

用材：速写纸、速写笔。

书房空间组合线稿

用材：速写纸、速写笔。

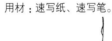

书房空间组合彩稿

用材：复印纸、马克笔。

书房空间组合彩稿

用材：复印纸、马克笔。

098

书房空间组合线稿
用材：速写纸、会议笔。

书房空间组合彩稿
用材：复印纸、会议笔、水彩笔、固体水彩。

第五节　厨房空间组合手绘表现

厨房空间组合线稿
用材：速写纸、速写笔。

厨房空间组合线稿
用材：速写纸、速写笔。

厨房空间组合彩稿
用材：复印纸、马克笔。

厨房空间组合线稿
用材：速写纸、速写笔。

厨房空间组合线稿
用材：速写纸、速写笔。

厨房空间组合彩稿
用材：复印纸、马克笔。

厨房空间组合彩稿
用材：复印纸、马克笔。

第六节　餐厅空间组合手绘表现

餐厅空间组合线稿

用材：速写纸、速写笔。

餐厅空间组合线稿

用材：速写纸、速写笔。

餐厅空间组合彩稿

用材：复印纸、马克笔。

第五章　手绘效果图表现步骤

手绘的结果取决于过程中的每一个步骤

第一节　酒店接待中心手绘效果图上色步骤

步骤

做好上色的前期准备工作。选择复印好的休息厅线稿图（最好选择质量比较厚实的纸复印，至少80g，以免上色晕开）、效果图的垫纸和马克笔试笔用纸，然后将马克笔按颜色（冷灰色、暖灰色、木色、蓝色、绿色等）归类，以便上色时查找和使用。

步骤

上色之前要明确酒店接待中心的设计风格及大的背景色调，整体铺色，着色时要放松、大胆、肯定。上色规律为"由浅入深"。本图是暖色调，用米色（246号）铺了一遍颜色，桌子、柜体、窗格用木色（168号）叠加了一遍颜色。注意第一遍颜色着色不要过多，也不要对比过强，画面要多留白，这样画面才有透气感，更容易控制画面的整体效果。

步骤

对画面进行深化，在大色调的基础上，深入刻画视觉中心，要强调材质的固有色和细节，根据光源画出家具物体的明暗面及环境色，要用色彩的变化画出空间的前后关系，画面要松弛有度，注意色彩之间的相互和谐，例如下图中的植物其实是绿色的，为了使画面更协调，可选用偏黄一些的绿色来画，也就是说整个画面应该多用些相近的色彩，忌用过于鲜亮的颜色，以免画面较花。最后用深一些的冷灰色或暖灰色（如264号、265号、272号、273号、274号等）画出物体的投影。

步骤 ④ 对画面进行整体调整，进一步深入刻画家具及视觉主体的细节，加重物体的明暗对比，补充笔触感，例如在画面左边加入物体投影的一些黑色点笔，更能活跃画面。最后再加深一下顶棚，要画出灵动晕化的感觉。

第二节 泰国甲米瑞亚维德度假酒店手绘效果图上色步骤

步骤

在做好上色准备工作的同时，思考一下将要上色的主要色调，哪些地方需要深入刻画，哪些地方需要一笔带过或是留白（例如将顶棚画满，画面可能会显得过于压抑，可以考虑留白或少着色）。

泰国甲米瑞亚维德度假酒店
手绘表现·Zhaojie 2013.12.22①.

步骤

可根据照片的色调，再加上自己的主观意识，铺一个大色调，第一遍铺色时，平铺就可以。这里主要是给家具、地面平铺了一遍颜色，主要采用米黄色和木色。

画出家具的层次，用同一色系重一号的颜色来叠加，不要全部铺满，要透出一些第一遍的颜色。这是个东南亚风格的餐厅，热带、亚热带的植物都是比较鲜艳的，所以藤质、木材的家具要配上一抹红色，这样，古朴热烈的风情就扑面而来了。

泰国甲米瑞亚维绿度假酒店
手绘表现 Zhao Jie 2013.12.22○.

步骤 深入刻画细节和调节整体画面，加强家具物体的明暗对比，在固有色的基础上，加入一些环境色，使得色彩感觉更明朗。窗外属于远景，所以色调宜用冷色调，应用偏蓝一些的绿色给窗外的植物着色，基本用平铺的画法着色就可以了，不用太多的变化。最终顶棚还是留白了，让大家有个想象的空间，适当的留白使画面更耐人寻味。

泰国甲米普吉维约度假酒店
手绘表现. Zhao Jie 2013.12.22❤.

第三节 酒店套房手绘效果图上色步骤

步骤
①

首先做好上色前的准备工作。选择复印好的酒店套房黑白线稿、效果图的垫纸及马克笔试笔用纸，然后将马克笔按颜色（冷灰色、暖灰色、木色、蓝色、绿色、紫色等）归类，上色时方便查找和使用。

步骤2：上色之前要明确酒店套房的装饰设计风格及大的背景色调，要从表现的视觉主体开始着色，着色时要放松、大胆，上色规律为"由浅入深"，从主色调及视觉中心开始画起，注意第一遍着色不要过满，也不要对比过强，画面要多留白，这样才有透气感，更容易控制画面的整体效果。

步骤

③

突出画面的空间关系，这也是要从视觉主体着色开始，强调材质的固有色和细节，加强色彩明暗的对比，表现画面的立体感、空间感，这时可以留些笔触的痕迹。由于酒店套房多采用通透落地窗，因此采光较好，要着重表现阳光照射的感觉，多用些邻近的色调，这样画面整体看起来才比较舒服。

209
163
149
56
27

步骤

④

进一步细致刻画主体及陈设细节，注意地毯色彩、明暗的过渡与变化，深入刻画座椅、书桌的材料质感，注意整体画面大的明暗基调。

247
262
264

步骤

刻画室外环境，协调统一整体画面，加强对比，补充笔触感、光影效果，以及少许的环境色、亮色，起到画龙点睛的作用，使画面活跃起来，达到和谐统一的效果。

225
137
207
249
240
267

第四节   别墅庭院手绘平面图上色步骤

步骤

①

首先做好上色前的准备工作。选择复印好的景观庭院黑白线稿、效果图的垫纸及马克笔试笔用纸，然后将马克笔按颜色（冷灰色、暖灰色、木色、蓝色、绿色、紫色等）归类，以方便上色时查找和使用。

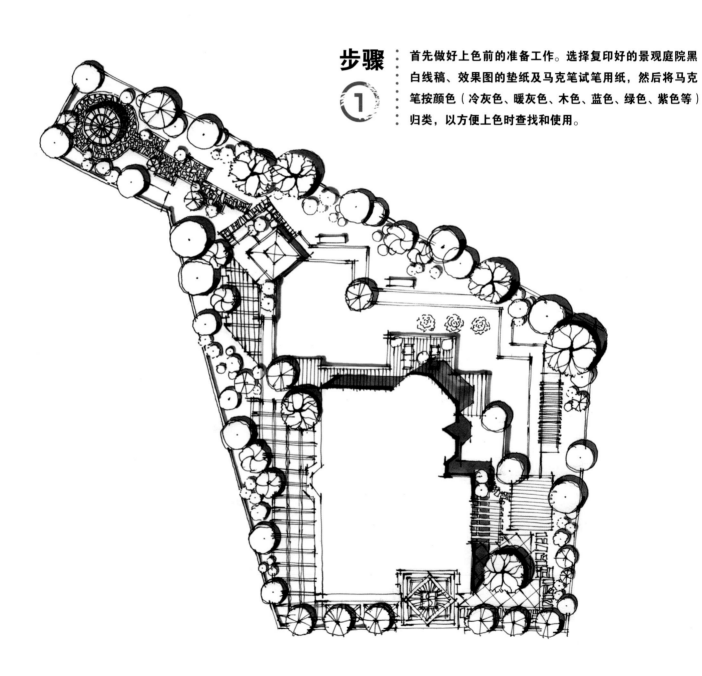

步骤

上色之前要明确庭院景观所处的季节、背景色调。景观平面图着色的对象一般是草坪、灌木、乔木、铺装、水景，要从表现的视觉主体色调开始着色。草坪着色时要快速、放松、大胆，平面图第一遍着色一般都是平铺，比空间效果图画起来简单。

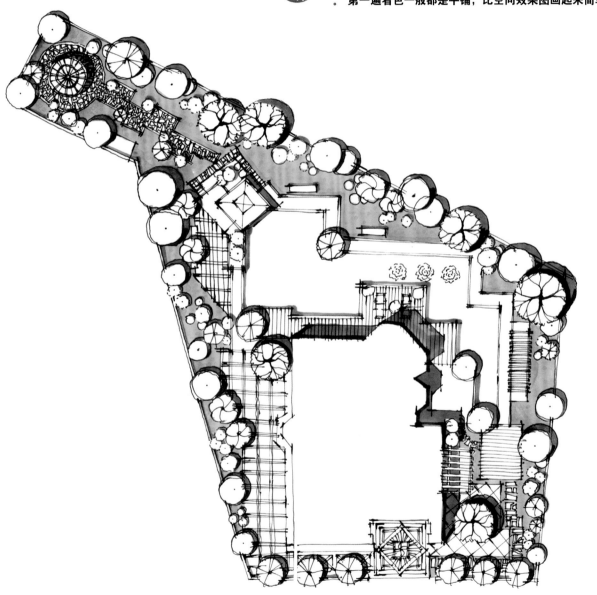

步骤

深入刻画大的画面关系，进入乔木着色阶段。要注意邻近色、对比色的变化，强调植物的固有色和光线细节变化，加强乔木色彩明暗的对比，表现画面的立体感，这时可以带些笔触。要注意乔木色彩不要过多，否则画面容易花掉。要有主色、附属色、点缀色，这样画面看起来才比较舒服。

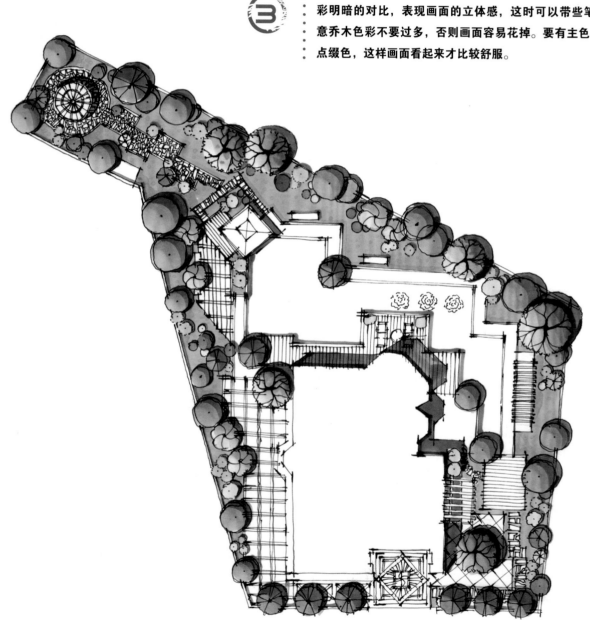

步骤

④

画出铺装、水景的颜色。在铺装着色过程中要注意石材、砖、木平台、拼花地面等不同地面材料的纹理、色彩的变化。水景着色时要注意不同水深区域的颜色变化、纹理变化。廊架着色时注意投影变化。接着调整画面全局关系,加强投影的明暗对比、过渡。

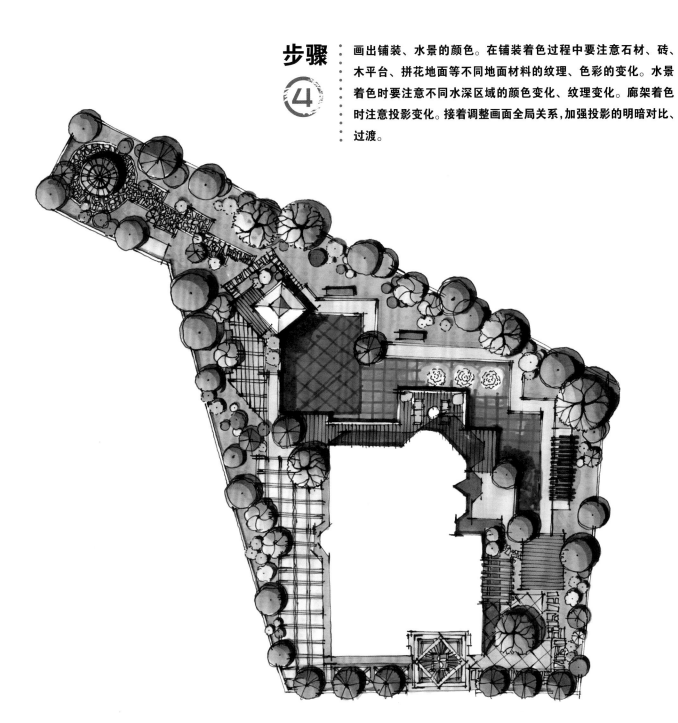

第六章　设计案例手绘表现

真实案例彰显手绘在设计中的作用

第一节 天津新湖圣水湖庄园C户型平面方案

　　该设计是位于天津武清区圣水湖庄园的 C 户型平面方案。样板房对房地产开发商来说关乎房子的销量、产值，针对区域人群定位，为了保证样板房的整体视觉效果，主要采用开放式设计，在满足基本空间功能的基础上，整体格局增加了娱乐、休闲空间的功能，力求空间好用、视觉效果好，以感受舒适的设计为主要目标。

　　材料使用上围绕美式、法式风格进行取材，选取进口石材、仿古砖、木作护墙板、欧式角线、梁托、金箔等进行风格定位，在陈设中力求家具、灯具、壁纸、装饰画、工艺品的样式、造型、色彩和谐共生，充分体现主人的生活品位与生活态度。

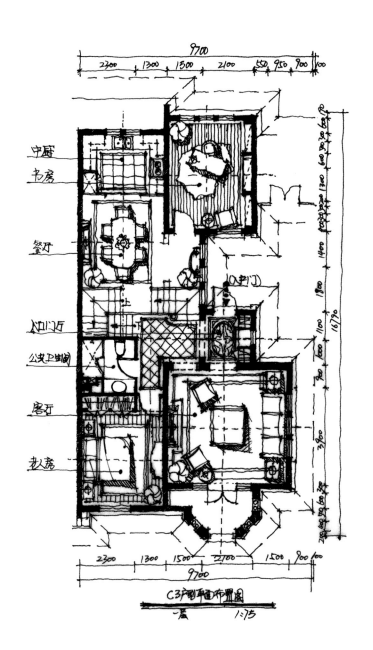

一层平面图线稿
用材：草图纸、针管笔。

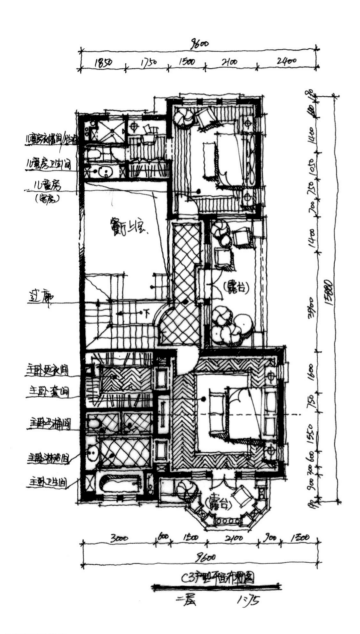

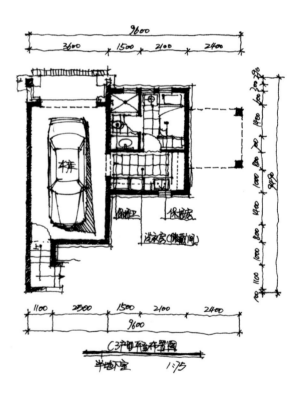

二层平面图线稿
用材：草图纸、针管笔。

半地下平面图线稿
用材：草图纸、针管笔。

第二节　珠海阳光花园平面方案

　　这个案例是受某大学老师之托，为其父母在珠海居住的房子提供室内平面布局设计。这是一个南北通透的小三居公寓，平日主要是两位老人居住，节假日儿孙会来探望。

　　为了满足老人日常生活方便的需求，同时又能预留房间供亲人、客人短暂地停留、居住，设计师将三居室设计成了两居室，并增加了一个老人房的步入式衣帽间，充分满足老人衣服、被褥、鞋帽的收纳要求。卫生间在现有的基础上略有扩大，地面采用了高质量防滑地砖。客厅、餐厅、阳台保持了充足的自然光照与空气的流通，北面的厨房与生活阳台形成统一布局。

　　公共区域主要运用浅色石材、仿古砖，卧室空间采用实木地板，墙面主要采用浅咖色乳胶漆、碎花壁纸，布艺多采用浅色、软质，装饰画多以花卉、自然风景为主，氛围营造以点缀绿植、工艺品为主，从而顺应老人健康休闲的生活状态。

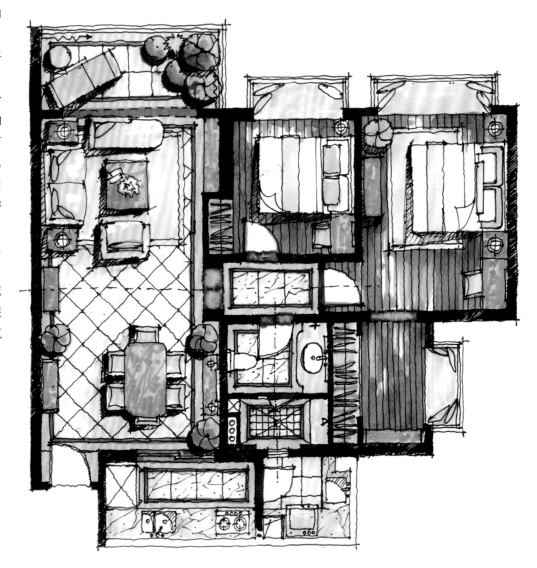

平面图彩稿
用材：速写纸、马克笔。

第三节　海南三亚极致庭院平面方案

本案是绿地集团组织、评审的网络竞赛全国方案征集，共设计了 A 组的三个户型庭院进行了方案创意设计，该庭院为 A118-1 户型。

118

T he Hand-drawing Rendering
of Interior Design

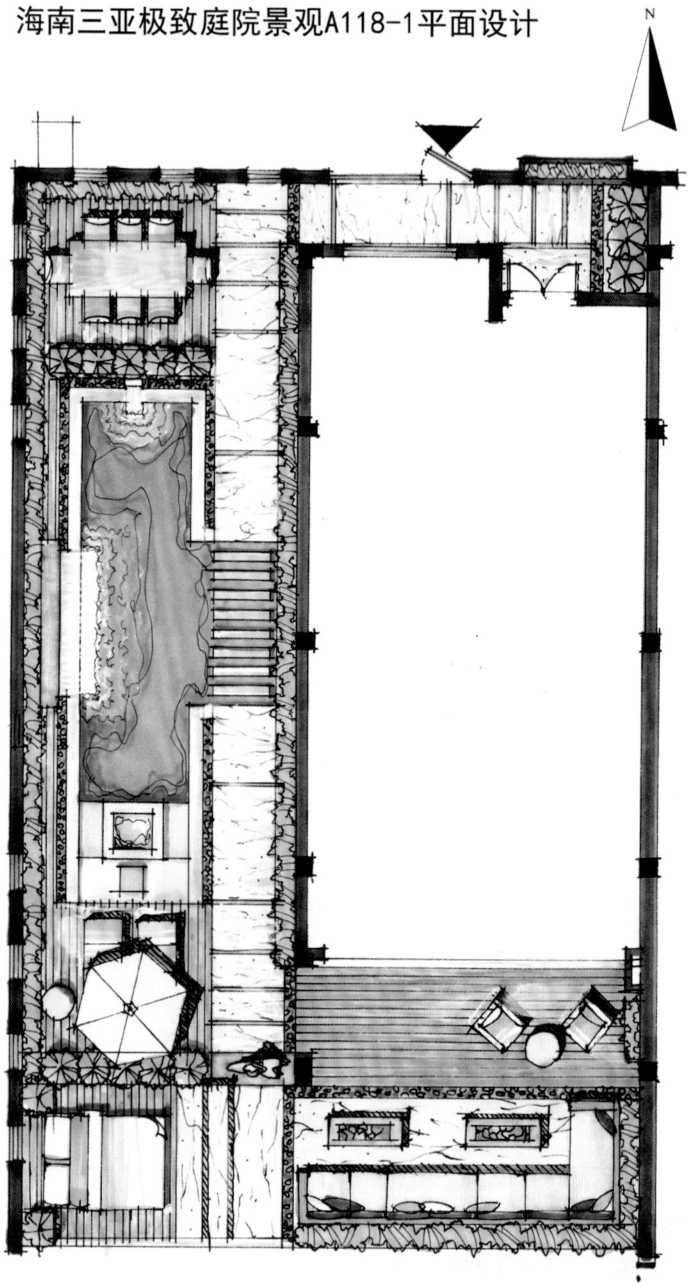

海南三亚极致庭院景观 A118-1 平面设计彩稿
用材：复印纸、速写笔、直尺、马克笔、油漆笔。

海南三亚极致庭院景观A118-1平面设计

海南三亚极致庭院景观 A118-1 设计手绘效果图彩稿
用材：复印纸、速写笔、马克笔、油漆笔。

海南三亚极致庭院景观 A118-1
设计手绘效果图线稿
用材：复印纸、速写笔。

海南三亚极致庭院景观 A118-1
设计手绘效果图彩稿
用材：复印纸、马克笔、油漆笔。

第四节　上海青年社区共享空间设计方案

上海青年社区共享客厅设计草图线稿

用材：复印纸、自动铅笔。

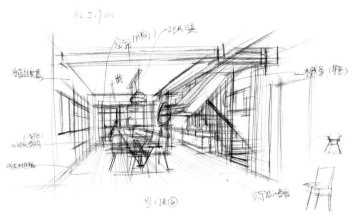

上海青年社区共享餐厅设计草图线稿

用材：复印纸、自动铅笔。

上海青年社区共享客厅设计效果图彩稿

用材：复印纸、速写笔、马克笔。

上海青年社区共享餐厅设计效果图彩稿

用材：复印纸、速写笔、马克笔。

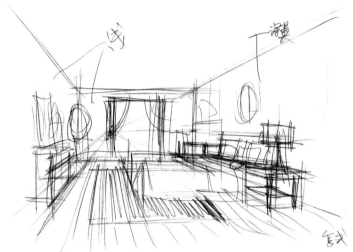

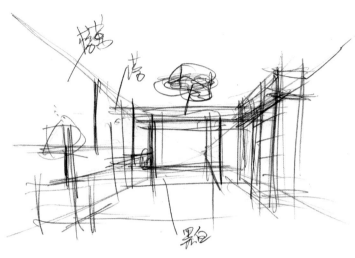

上海青年社区卧室设计草图线稿

用材：复印纸、自动铅笔。

上海青年社区卧室设计草图线稿

用材：复印纸、自动铅笔。

上海青年社区卧室设计效果图彩稿

用材：复印纸、速写笔、马克笔。

上海青年社区卧室设计效果图彩稿

用材：复印纸、速写笔、马克笔。

第五节　北京协和医院国际部咖啡厅设计方案

　　本案为北京协和医院国际部新建大楼一层区域的一间咖啡厅，本咖啡厅主要供病人家属、医院工作人员使用，风格主题在结合新建大楼风格的基础上，充分融入协和医院发展历程、人文背景、文化特点、本院建筑特点（老护士楼、老主楼、老家属院），实地调研后进行了如下设计。

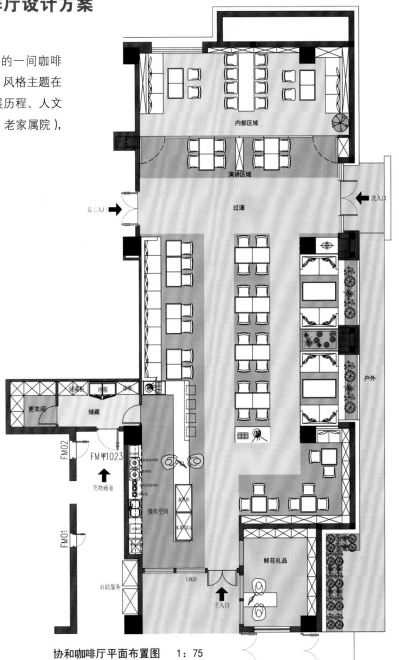

协和咖啡厅平面布置图　1∶75

北京协和医院咖啡厅平面设计方案

电脑辅助工具：Auto CAD、Photoshop 软件。

北京协和医院咖啡厅设计效果图彩稿
用材：复印纸、针管笔、su、马克笔。

北京协和医院咖啡厅设计效果图彩稿
用材：复印纸、针管笔、su、马克笔。

第六节　哈尔滨餐厅改造——室内儿童乐园设计方案

本案位于哈尔滨松北区，之前是主题乐园中的一个餐厅，现改造为室内儿童乐园，设计中充分考虑现有建筑面积及结构特点，结合当地文娱市场需求、未来发展趋势进行调研、策划及方案设计。

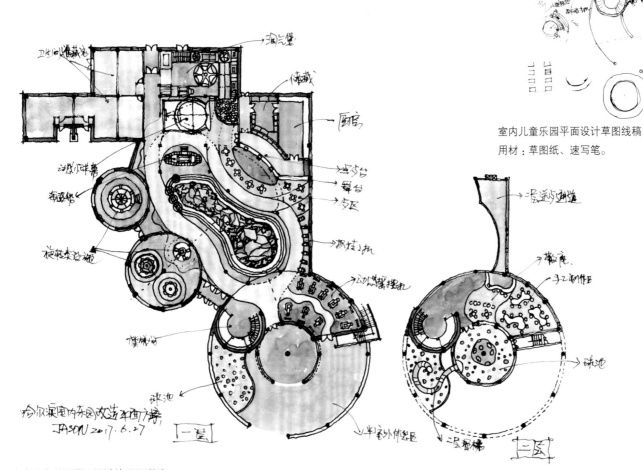

室内儿童乐园平面设计草图线稿
用材：草图纸、速写笔。

室内儿童乐园平面设计效果图彩稿
用材：复印纸、固体水彩。

厅堂改造 —— 哈尔滨万达城间内儿童乐园空间表现
JASON 2017.7.2

室内儿童乐园效果图线稿
用材：草图纸、速写笔。

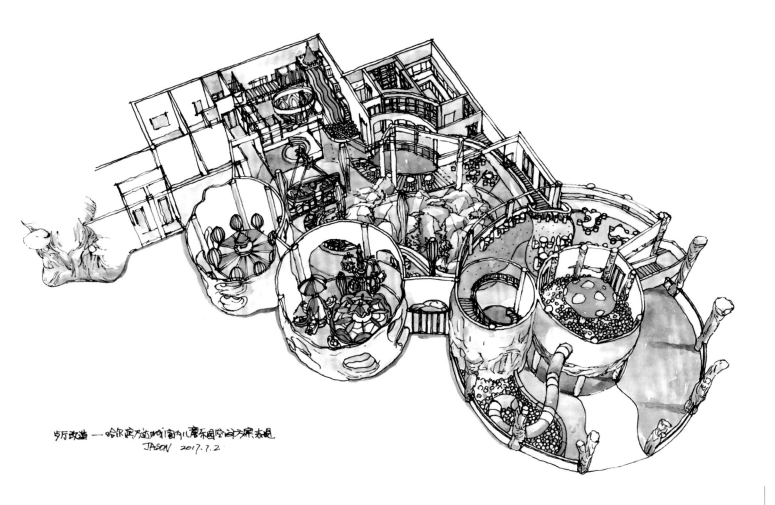

厅厅改造——哈尔滨万达mall室内儿童乐园室内场景表现
JASON 2017.7.2.

室内儿童乐园效果图彩稿
用材：复印纸、固体水彩。

第七节　北京延静里住宅室内设计方案

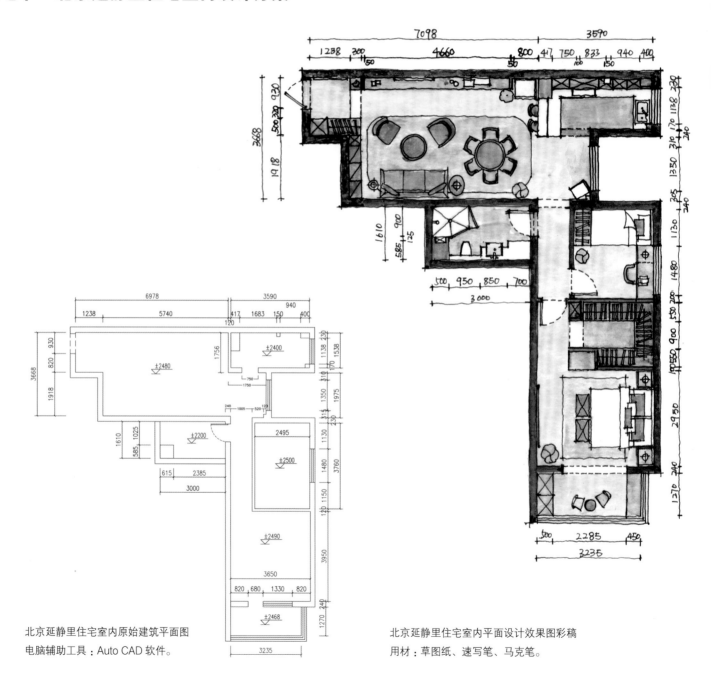

北京延静里住宅室内原始建筑平面图
电脑辅助工具：Auto CAD 软件。

北京延静里住宅室内平面设计效果图彩稿
用材：草图纸、速写笔、马克笔。

第七章 手绘作品欣赏

他山之石，可以攻玉

第一节　家居空间手绘表现

欧式客厅陈设线稿
用材：速写纸、速写笔。

欧式客厅陈设彩稿
用材：复印纸、马克笔。

美式客厅效果图线稿

用材：速写纸、草图笔。

美式客厅效果图彩稿

用材：复印纸、草图笔、马克笔。

客厅空间效果图线稿
用材：速写纸、速写笔。

客厅空间效果图彩稿

用材：复印纸、马克笔。

欧式客厅效果图线稿

用材：速写纸、速写笔。

欧式客厅效果图彩稿
用材：复印纸、马克笔。

Vallejo Street Highrise
by Candace Cavanaugh.

卡瓦诺坎迪斯瓦列霍街高层公寓餐厅线稿
用材：速写纸、速写笔。

Vallejo Street Highrise
by Candace Cavanaugh.
卡瓦诺坎迪斯瓦列霍街高层
高层. Zhaojie 2014.12.02.

卡瓦诺坎迪斯瓦列霍街高层公寓餐厅彩稿
用材：复印纸、马克笔。

私人住宅效果图线稿
用材：速写纸、草图笔。

私人住宅效果图彩稿
用材：复印纸、草图笔、马克笔。

海港别墅效果图彩稿

用材：复印纸、草图笔、马克笔。

卧室空间手绘表现彩稿
用材：复印纸、速写笔、马克笔。

148

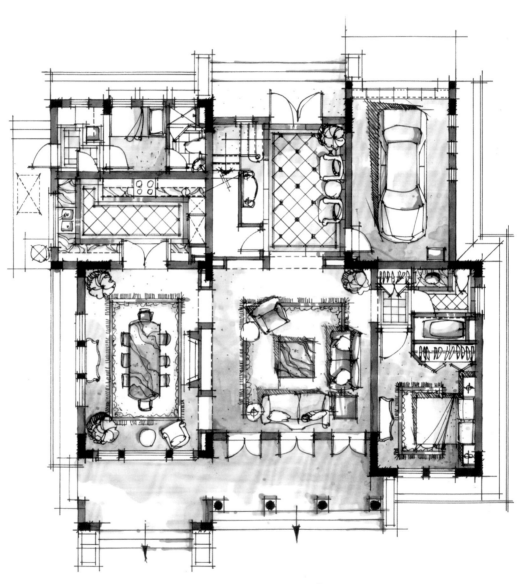

LAYOUT PLAN 一套平面图

平面图彩稿

用材：复印纸、针管笔、马克笔。

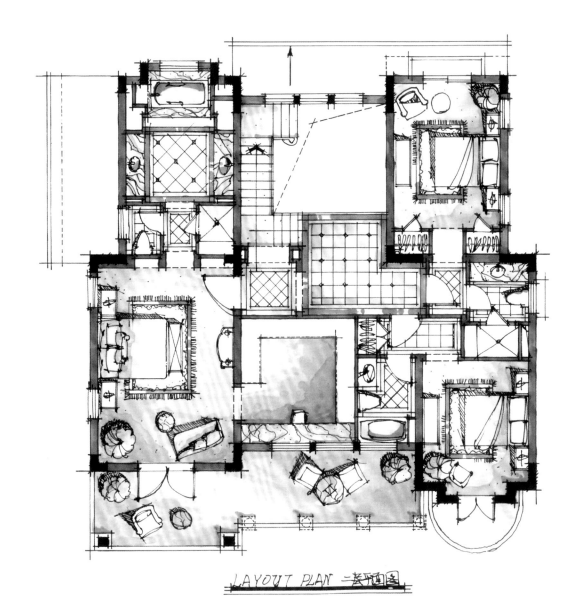

LAYOUT PLAN 一层平面图

平面图彩稿

用材：复印纸、针管笔、马克笔。

144

美式客厅效果图线稿
用材：速写纸、针管笔。

美式客厅手绘效果图
Zhangjie 20090208

美式客厅效果图彩稿
用材：复印纸、马克笔。

客厅室内空间手绘表现线稿

用材：速写本、会议笔。

丽思卡尔顿私人住宅手绘线稿
用材：复印纸、会议笔。

家居室内空间手绘线稿
用材：速写本、草图笔。

家居室内空间手绘彩稿
用材：复印纸、马克笔、油漆笔。

室内厨房空间手绘线稿
用材：速写本、草图笔。

室内厨房空间手绘彩稿
用材：复印纸、马克笔、油漆笔。

第二节　公共空间手绘表现

意大利酒店套房效果图线稿

用材：速写纸、速写笔。

Monastero Santa Rosa Italy
Zhaojie 20140209o.

意大利酒店套房效果图彩稿
用材：复印纸、马克笔。

酒店会所效果图线稿
用材：速写纸、速写笔。

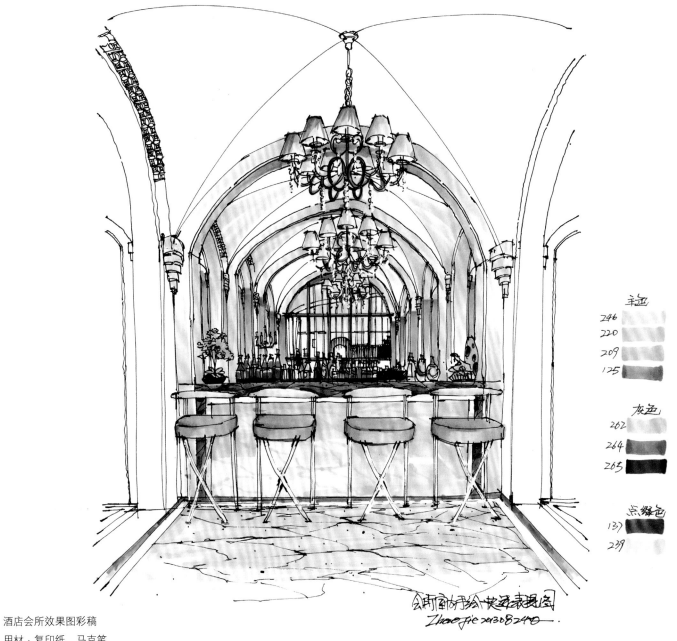

主色
246
220
209
125

灰色
262
264
265

点缀色
137
239

酒店会所效果图彩稿
用材：复印纸、马克笔。

会所前台手绘 快速表现图
Zhao Jie 20130824□□

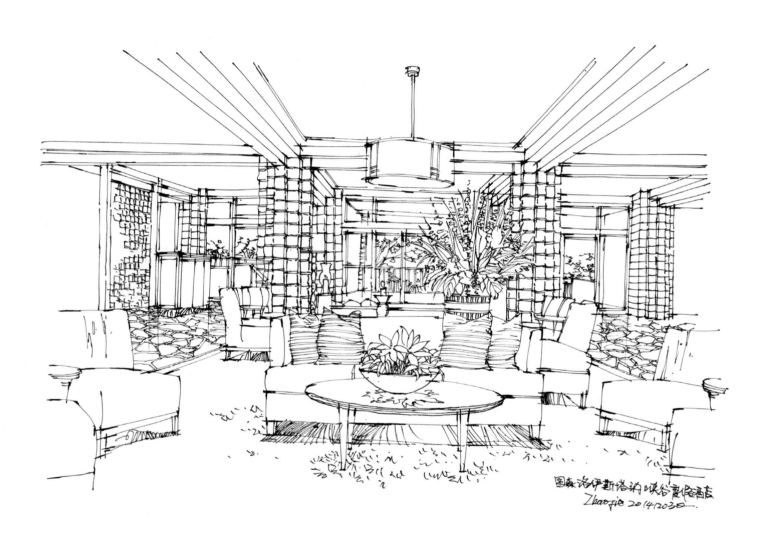

美国图森洛伊斯塔纳峡谷度假酒店效果图线稿
用材：速写纸、速写笔。

美国图森洛伊斯塔纳峡谷度假酒店效果图彩稿
用材：复印纸、马克笔。

248
220
209
125
127
239
241
262
264
265

会所空间效果图彩稿
用材：复印纸、马克笔。

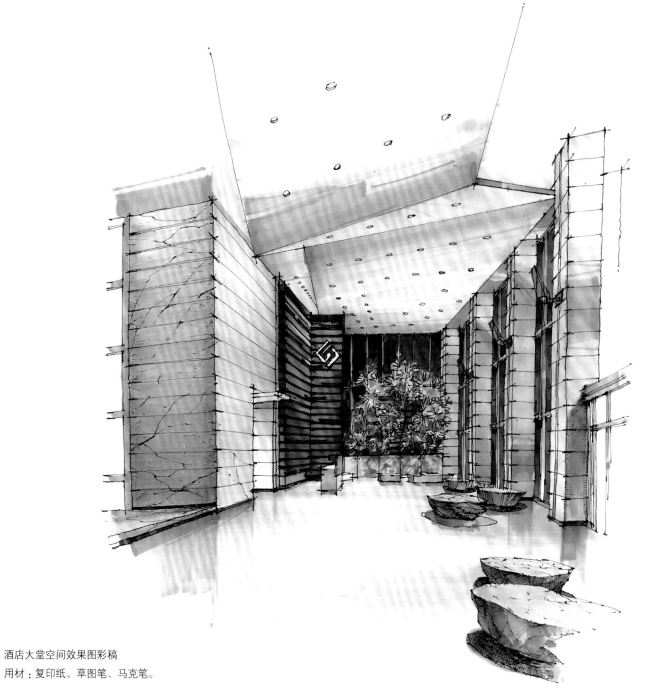

酒店大堂空间效果图彩稿
用材：复印纸、草图笔、马克笔。

餐厅效果图线稿
用材：速写纸、速写笔。

餐厅效果图彩稿
用材：复印纸、马克笔。

酒店套房效果图线稿
用材：速写纸、速写笔。

酒店套房效果图彩稿
用材：复印纸、马克笔。

酒店大堂效果图线稿
用材：速写纸、速写笔。

酒店大堂效果图彩稿
用材：复印纸、马克笔、油漆笔。

会所效果图线稿

用材：速写纸、针管笔。

会所效果图彩稿
用材：复印纸、针管笔、马克笔。

酒店套房卫生间效果图线稿

用材：速写纸、速写笔。

酒店套房卫生间效果图彩稿
用材：复印纸、马克笔。

Alila Villas Uluwatu Bali
爱丽拉乌鲁瓦图别野酒店手绘
JASON 20160610

爱丽拉乌鲁瓦图酒店手绘线稿
用材：速写本、会议笔。

Alila Villas Uluwatu Bali
爱丽拉乌鲁瓦图别野酒店手绘
JASON 20160610

爱丽拉乌鲁瓦图酒店手绘彩稿
用材：复印纸、马克笔。

餐厅设计手绘表现图线稿
用材：速写本、会议笔。

第三节　灰色调手绘表现

　　谈到灰色调，更多的是指学习手绘着色的一个基础课程，主要是运用冷灰、暖灰进行空间体块、前后关系、主次关系、明暗关系、冷暖关系的基本形体的塑造，然后再加上少许亮色进行点缀，这样空间就不会过于冷清乏味。灰色调练习能使手绘运笔、笔触、渐变、快慢深浅等技法提高。

　　由于手绘有其独立性，因此，通过学习素描认识手绘不是绝对的必要条件，其实通过手绘本身的学习就能满足工作实用性的要求，当然，需要对手绘进行系统的学习才能打下扎实的基础，才会达到对笔灵活掌控的目标，从而将设计思想表达清楚。

餐厅效果图彩稿

用材：复印纸、草图笔、马克笔。

Vallejo Street Highrise
by Candace Cavanaugh.
卡瓦诺·欧迪斯·瓦利街·客厅
高晨 zhaojie 20141202色

客厅效果图彩稿
用材：复印纸、草图笔、马克笔。

Skaneateles Lake House by.
Thom Filicia.
Zhaojie 2014·07·27U.

客厅效果图彩稿
用材：复印纸、草图笔、马克笔。

客厅效果图彩稿

用材：复印纸、草图笔、马克笔。

客厅效果图彩稿

用材：复印纸、草图笔、马克笔。

客厅效果图彩稿

用材：复印纸、草图笔、马克笔。

客厅效果图彩稿

用材：复印纸、草图笔、马克笔。

第四节　电脑制图与手绘的综合表现

近年来，在设计创作过程中综合应用电脑制图与手绘的表现方式得到快速发展，电脑辅助手绘进行设计创作更能在空间比例、形体透视相对准确的基础上表达设计意图。这一步也可称为方案中相对成熟的阶段。这种表现方式独特、新颖、快速，在清楚表达设计的基础上又不失艺术效果。电脑辅助的工具常见为手写板，常用软件为 photoshop、sketchup、Auto CAD 等。

餐厅效果图彩稿
用材：复印纸、草图笔、马克笔。
电脑辅助工具：photoshop 软件。

餐厅效果图彩稿
用材：复印纸、针管笔、马克笔。
电脑辅助工具：photoshop 软件。

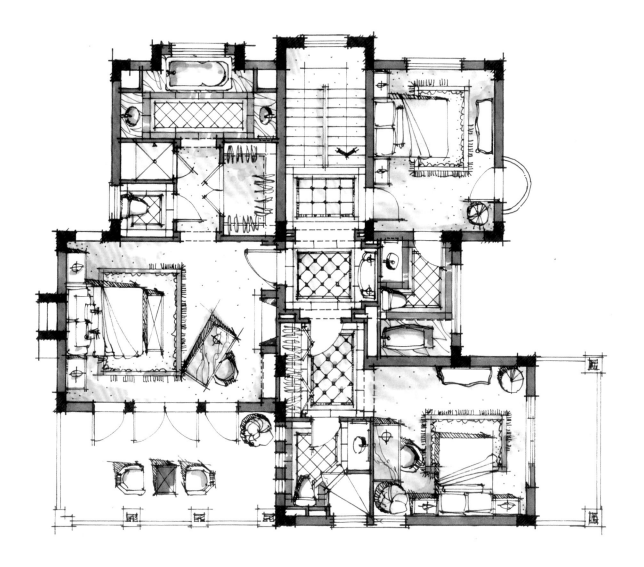

别墅三层平面图彩稿

用材：复印纸、针管笔、马克笔。

电脑辅助工具：sketchup 软件。

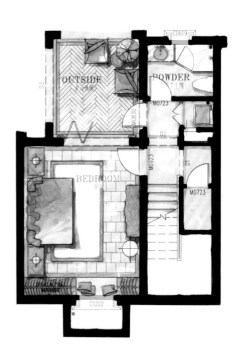

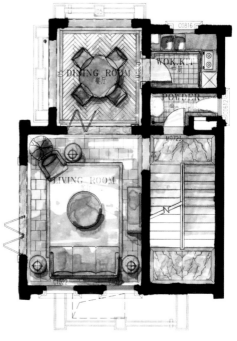

别墅花园层平面图彩稿

用材：复印纸、针管笔、马克笔。

电脑辅助工具：sketchup 软件。

别墅首层平面图彩稿

用材：复印纸、针管笔、马克笔。

电脑辅助工具：sketchup 软件。

别墅二层平面图彩稿

用材：复印纸、针管笔、马克笔。

电脑辅助工具：sketchup 软件。

第五节　手绘草图

　　手绘草图其实涉及范围很广，主要包括设计师的设计草图、艺术家的创作草图。手绘草图顾名思义是设计师、艺术家对想法的一种概念构思，草图阶段存在很多不确定性因素，但能很快表达出创作想法，便于记录素材、沟通想法，对于设计创作具有重要的意义。

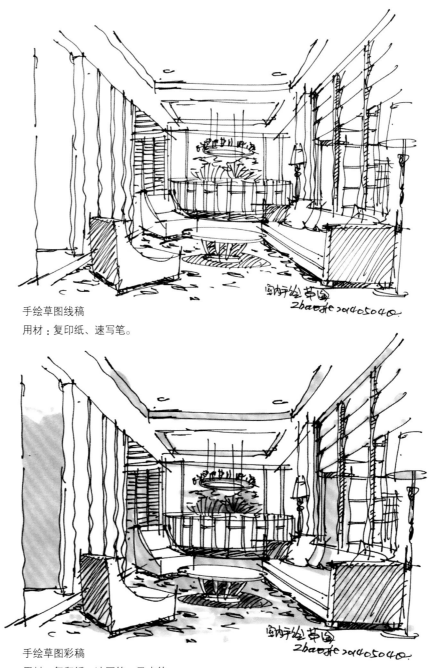

手绘草图线稿
用材：复印纸、速写笔。

手绘草图彩稿
用材：复印纸、速写笔、马克笔。

卖场空间手绘草图彩稿
用材：速写本、马克笔。

民宿大堂设计草图彩稿
用材：速写本、水墨。

卧室空间手绘草图彩稿
用材：速写本、马克笔。

客厅空间手绘草图彩稿
用材：速写本、马克笔。

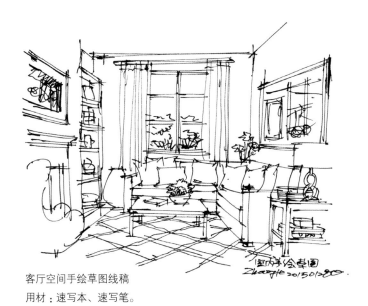

客厅空间手绘草图线稿
用材：速写本、速写笔。

酒店餐厅空间手绘草图线稿
用材：速写本、速写笔。

客厅空间手绘草图线稿
用材：速写本、速写笔。

酒店餐厅空间手绘草图线稿
用材：速写本、速写笔。

卧室空间手绘草图线稿
用材：速写本、速写笔。

卧室空间手绘草图线稿
用材：速写本、速写笔。

客厅空间手绘草图线稿
用材：速写本、速写笔。

卧室空间手绘草图线稿
用材：速写本、速写笔。

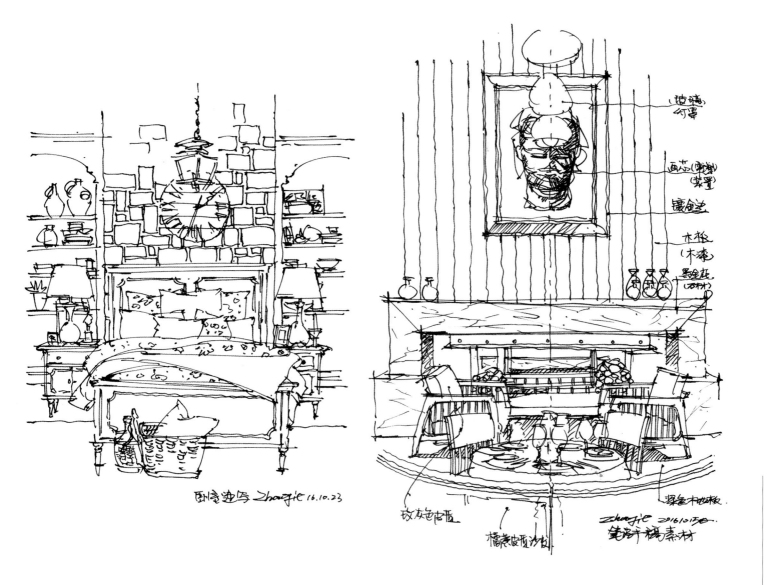

卧室空间素材手绘线稿
用材：速写本、速写笔。

餐厅空间素材手绘线稿
用材：速写本、速写笔。

第八章　差旅图记

速写能够记录设计素材，也能记录旅途心情

第一节 上海手绘生活

2006年12月去上海面试毕业实习的机会，当时面试了两家公司，最终选择了美国佛莱明景观（上海）公司。那次面试在上海待了两天，正是上海最湿冷的时候，记得还在美罗城斜对面画了一张速写，休息了两次才画完。实习几个月后，2007年6月正式转正，之后每到周六日就会独自一人或约两三好友走到上海的街头、小巷、广场等写生……

上海外滩建筑场景速写线稿（时间：2011年10月20日）
用材：速写本、速写笔。

上海外滩建筑场景速写彩稿（时间：2011年10月20日）
用材：速写本、速写笔、马克笔。

出差速写日记

　　2011年8月8日的上海之行在我内心具有重要的纪念意义。2008年8月8日，我离开上海来到北京，由从事景观设计转为从事室内设计。下图仅作为我对上海的纪念。

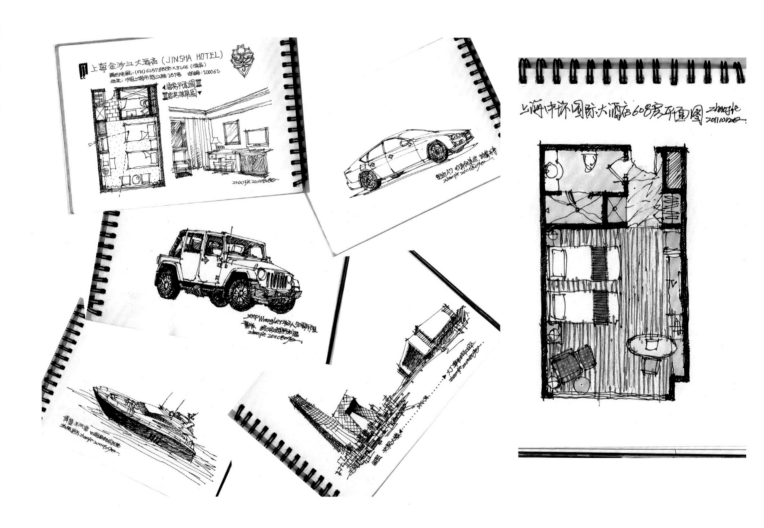

上海诺曼底公寓建筑速写彩稿

用材：1.0 针管笔、水彩本、固体水彩。

上海外滩建筑速写线稿
用材：速写本、速写笔。

上海欧式建筑速写彩稿
用材：速写本、马克笔。

上海迪士尼米奇大街建筑速写线稿
用材：速写本、速写笔。

上海迪士尼城堡建筑速写线稿
用材：速写本、速写笔。

第二节　北京生活游记

　　烟袋斜街是北京较有名气的文化街，位于西城区地安门外大街，距离鼓楼约 50 米，是什刹海前海东北方向的一条小巷，也是北京最古老的商业街之一。小巷里有很多经营烟具、古玩、书画、裱画、文具及风味小吃、住宿的商户。此街原名"鼓楼斜街"，清末改称"烟袋斜街"。有老北京情结的人可以去感受一下，当然也很适合设计师、艺术家在这里创作、寻找灵感。

烟袋斜街容天面馆写生线稿

用材：速写本、速写笔、水、墨汁。

烟袋斜街容天面馆实景图

烟袋斜街永兴阁实景图

烟袋斜街容天面馆写生线稿

用材：速写本、速写笔。

烟袋斜街永兴阁写生线稿

用材：速写本、速写笔。

196

北京协和医院别墅区调研速写彩稿

用材：水彩纸、针管笔、水彩笔、水彩颜料。

北京宋庄画家村场景速写彩稿

用材：速写本、铅笔、马克笔。

第三节　贵州丹寨万达小镇

丹寨万达小镇地处贵州省丹寨县核心位置——东湖湖畔，依山傍水、交相辉映、美不胜收。丹寨万达小镇建筑采用苗侗风格，引入丹寨特有的国家非物质遗产项目、民族手工艺、苗侗美食、苗医苗药等，并配套四星级万达锦华酒店、多家客栈、万达宝贝王、万达影城等，形成独具特色的综合性商业、旅游目的地。

此幅手绘作品是在"万达集团第二届书画大赛"背景下创作的，这是万达集团对贵州丹寨县包县扶贫项目，积极意义显著，图中是一位外国游客穿戴中国少数民族的服装，意味着丹寨的游客范围广，小镇知名度高，对丹寨的就业、发展成效显著。

贵州丹寨万达小镇场景手绘彩稿
用材：铜版纸、马克笔。

贵州丹寨万达小镇场景建筑速写线稿

用材：速写本、速写笔。

贵州丹寨万达小镇场景建筑速写线稿

用材：速写本、速写笔。

贵州丹寨万达小镇建筑速写彩稿
用材：铜版纸、马克笔。

贵州丹寨万达小镇建筑速写彩稿
用材：铜版纸、马克笔。

贵州丹寨万达小镇建筑速写彩稿
用材：铜版纸、马克笔。

贵州丹寨万达小镇建筑速写彩稿
用材：铜版纸、马克笔。

第四节　意大利写生之旅

想到意大利，浮现于脑海的是古罗马，文艺复兴的发源地、艺术大师的故乡佛罗伦萨，电影里、课本上的水城威尼斯，以及以工业产品、家具、服装、足球闻名遐迩的时尚之都米兰。

新春伊始，为了更好地进行欧式风格的设计，我怀着激动的心情开始了意大利之旅，路线为罗马—佛罗伦萨—威尼斯—米兰。我对意大利有着特殊的情怀！那些特色鲜明的教堂、钟楼、修道院、雕塑、拱桥，甚至水城威尼斯的木桩，都是意大利特有的元素。

罗马，意大利的首都，是意大利政治、历史文化和交通的中心，同时也是古罗马和世界灿烂文化的发祥地之一，是一座艺术宝库、文化名城，也是罗马天主教廷所在地，是意大利占地面积最广、人口最多的城市，也是世界著名的游览地之一。

这幅作品所表达的完全是一种对意大利的感激和思念。我小时候写作文时经常用到这句话：通过努力，我一定会到达金碧辉煌的"罗马宫城"。这是我儿时对梦想追求的比喻。虽然当时我还没实现梦想，但到了真实的罗马宫城，或许那才是我真正的起点。

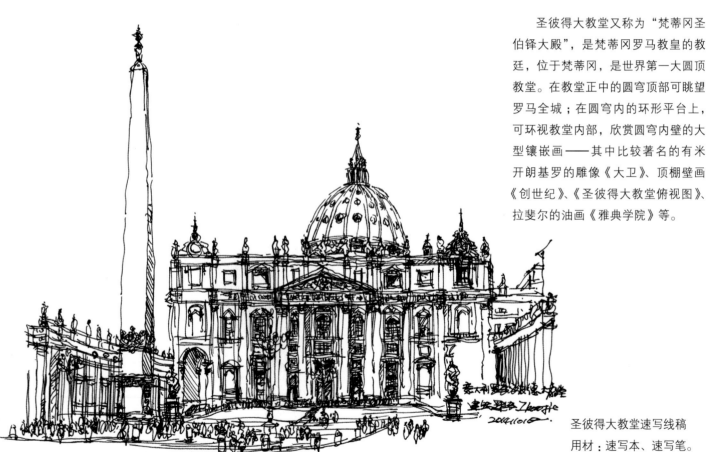

圣彼得大教堂又称为"梵蒂冈圣伯铎大殿"，是梵蒂冈罗马教皇的教廷，位于梵蒂冈，是世界第一大圆顶教堂。在教堂正中的圆穹顶部可眺望罗马全城；在圆穹内的环形平台上，可环视教堂内部，欣赏圆穹内壁的大型镶嵌画——其中比较著名的有米开朗基罗的雕像《大卫》、顶棚壁画《创世纪》、《圣彼得大教堂俯视图》、拉斐尔的油画《雅典学院》等。

圣彼得大教堂速写线稿
用材：速写本、速写笔。

意大利小城镇城堡式建筑 速写 JASON 2016 11 20日.

意大利小镇城堡建筑速写彩稿
用材：水彩本、针管笔、水彩笔、固体水彩。

意大利小镇建筑速写 JASON 2016 11 19日.
巷子很窄，很深，即使是 炎热的夏天，大大的太阳，也会有一丝凉爽.

意大利小镇建筑速写彩稿
用材：水彩本、针管笔、水彩笔、固体水彩。

意大利奥斯图尼 OSTUNI 建筑速写彩稿
用材：速写本、草图笔、硬纸壳、墨汁、水。

威尼斯圣马可广场建筑速写彩稿
用材：速写本、会议笔、水彩笔、墨汁、水。

意大利克雷莫纳省松奇诺 SONCINO 小镇速写彩稿
用材：水彩本、针管笔、水彩笔、固体水彩。

通过手绘创作领悟专业设计，时间、空间、观念、轴线、形式、秩序、对称、协调、趣味、地域形态、文化背景等统统融汇其中，我对着这幅作品发呆，或许有些方面还没感悟到。

从圣彼得大教堂俯瞰罗马宫城线稿
用材：素描本、速写笔。

从圣彼得大教堂俯瞰罗马宫城彩稿
用材：素描本、速写笔、马克笔。

圣母百花大教堂是佛罗伦萨的地标性建筑，建筑外观由粉红色、绿色和奶白色三种颜色的大理石砌成，展现了女性优雅、高贵的气质，因此又得名"花之圣母寺"。

圣母百花大教堂是文艺复兴时期圆顶建筑的典范。这座大教堂的修建前后花了150多年的时间，是经过好几代人的努力才完工的。这座教堂现已成为佛罗伦萨的标志。

圣母百花大教堂彩稿
用材：速写本、速写笔、马克笔。

意大利托斯卡纳街道商店速写彩稿
用材：速写本、速写笔、马克笔。

意大利罗马古文化街速写彩稿
用材：速写本、速写笔、马克笔。

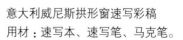

意大利威尼斯拱形窗速写彩稿
用材：速写本、速写笔、马克笔。

意大利利古里亚海港速写彩稿
用材：速写本、速写笔、马克笔。

第五节 其他差旅笔记

意大利 VidreNegre 办公大楼建筑手绘
用材：复印纸、马克笔。

西班牙巴伦西亚圣索菲亚王后艺术歌剧院速写彩稿
用材：复印纸、速写笔、马克笔。

美国丹佛商业街建筑速写线稿
用材：速写本、速写笔。

美国丹佛商业街建筑速写彩稿
用材：速写本、速写笔、水彩笔、固体水彩。

沈阳火车站速写彩稿
用材：速写本、水彩笔、固体水彩。

海口骑楼老街建筑速写彩稿
用材：水彩本、针管笔、水彩笔、固体水彩。

海口骑楼老街建筑速写彩稿
用材：水彩本、针管笔、水彩笔、固体水彩。

四川雅安上里古镇建筑速写彩稿
用材：速写本、速写笔。

潮州广济桥建筑速写彩稿
用材：水彩本、针管笔、过滤嘴沾水。

欧洲建筑速写彩稿
用材：水彩纸、针管笔、固体水彩。

欧洲建筑速写彩稿
用材：水彩纸、针管笔、固体水彩。

德国科隆大教堂建筑速写彩稿
用材：速写笔、铜版纸、马克笔。

Westminster Abbey.
英国威斯敏斯特大教堂建筑速写 ZhaoJie 20160940.

英国威斯敏斯特大教堂建筑速写彩稿
用材：速写笔、铜版纸、马克笔。

赵杰手绘感悟

1. 手绘是设计最直接明了的一种艺术图文形式的表达语言。（感悟来源于新浪微博回复的思考）

2. 设计的基本出发点是大脑的创造性思维，创意灵感的火花是在"想"和"画"的反复肯定和否定中碰撞出来的。如果不会用手画脑子里面存在的抽象形象，就难以变为实际的形式以供交流，更不必说思考它的合理性了。（感悟来源于与天下网校合作的思考）

3. 用手绘传达设计意图，有了设计，手绘便有了生命力。（感悟来源于平时思考）

4. 手绘可分为设计类手绘与绘画类手绘两种。设计类手绘并不需要过多的表现技法，将空间透视、比例、色彩、结构、形体表达清楚即可，当然线条要生动、自然、流畅，如果要做一名手绘表现师，可向绘画类手绘过渡发展，在项目时间允许的情况下，可以运用多样的表现形式与技法，充分表达物体材质、光线（灯光与阳光），更多运用艺术的手法充分表达设计，或形成自己的设计表现风格。（感悟来源于学员的提问）

5. 电脑是手绘的"秘书"。（感悟来源于手绘大赛论坛）

6. 很多时候手绘也表达不清楚的则需要动手去做比较直观的模型。（感悟来源于建筑师盖里的设计作品）

7. 速写是记录设计素材的好助手，也是记录旅途心情的图画好方法。（设计出差感悟）

8. 视觉引导思想，手绘表达思想，手绘推敲设计，设计水到渠成。

9. 手绘重点：构图合理，形体比例协调，空间透视准确，前后主次细节清晰，线条放松流畅，清晰表达设计意图。

10. 越努力就越好，越好就越努力，就越好；

    不努力就不好，不好就不努力，就不好。

11. 手绘构思——让我们选择最美丽的境界；

    手绘创意——让我们捍卫最原创的底线；

    手绘设计——让我们推动最具价值的理念。

12. 手绘理念：轻松手绘，快乐设计！

后 记

手绘是我在设计工作中很重要的辅助工具。在设计过程中手绘能很好地帮我理清设计思路、传达设计构思，并最终完成设计作品，是我工作中的好助手。近几年来，除了工作之外，我也经常用手绘描绘我生活中的场景，甚至用手绘描绘我头脑中想象的事物。我还会进行写生创作，用手绘作品制作装饰画的画心、书签、贺卡、台历、陈列品等。我个人认为，手绘不仅可为设计所用，也是一种艺术形式。手绘给我的生活带来了无限的乐趣。本书已是第5版，在此要特别感谢我的家人、朋友及昔日的恩师，是他们给予了我支持、关怀和帮助。

FINECOLOUR. 法卡勒马克笔色卡（室内版）

260		1		163		23	
262		2		165		30	
264		246		149		56	
265		247		215		84	
269		7		137		112	
271		220		207		100	
272		219		199		239	
273		158		209		240	
274		168		125		244	

姓名：　　　　　　　　　　　　　　　　　　　　注：空白处可根据个人喜好填充颜色

FINECOLOUR. 法卡勒马克笔色卡（建筑版）

260		1		168		241	
262		2		165		244	
264		246		149		100	
265		247		215		23	
269		7		137		30	
271		9		125		233	
272		220		209		56	
273		219		239		57	
112		158		240		84	

姓名：　　　　　　　　　　　　　　　　　　　　注：空白处可根据个人喜好填充颜色

注：色卡颜色印刷略有偏差，请以原厂马克笔实际颜色为主

图书在版编目（CIP）数据

室内设计手绘效果图表现 / 赵杰著. -- 5版.—武汉：华中科技大学出版社，2021.5（2024.9重印）
ISBN 978-7-5680-6258-9

Ⅰ.①室… Ⅱ.①赵… Ⅲ.①室内装饰设计－绘画技法 Ⅳ.①TU204

中国版本图书馆CIP数据核字(2021)第038050号

室内设计手绘效果图表现（第5版）　　　　　　　　赵　杰　著
Shinei Sheji Shouhui Xiaoguotu Biaoxian

出版发行：华中科技大学出版社（中国·武汉）
地　　址：武汉市东湖新技术开发区华工科技园（邮编：430223）
出 版 人：阮海洪

责任编辑：彭霞霞　　　　　　　　　　　　　　　　　责任监印：朱　玢
责任校对：周怡露　　　　　　　　　　　　　　　　　美术编辑：张　靖

印　　刷：武汉精一佳印刷有限公司
开　　本：965 mm×1270 mm　1 / 16
印　　张：14.5
字　　数：150千字
版　　次：2024年9月第5版 第3次印刷
定　　价：79.80元

投稿邮箱：hzjztg@163.com
本书若有印装质量问题，请向出版社营销中心调换
全国免费服务热线：400-6679-118　竭诚为您服务